ロスネフチ

プーチンの巨大石油会社

篠原建仁 著

ユーラシア文庫
15

目次

ロスネフチ

プーチンの巨大石油会社

はじめに　ロスネフチはロシアの「縮図」

筆者とロシアの「出会い」は、今から四十年近く前にさかのぼる。高校生のころ宇宙に関心を持ち、当時のソ連が金星や火星に探査機を送り込んでいるのを見て、高い技術力を持った国だと思った。しかし同じころ、日用品が常に不足して商店の前に行列を作っているのをテレビで見て、ロケットを製造できる国がなぜ日用品を供給できないのか、理解に苦しんだ。共産主義体制や社会主義経済を知らなかったせいでもあるが、高度な技術力と物不足という矛盾の中に、何か得体の知れない、でも大きな潜在力はありそうだと感じたのを覚えている。この感覚が、ロシアに興味を持つきっかけとなった。

ロシアとの次の「出会い」は、大学生時代の欧州旅行である。直行便に乗って成田空港を出発し五～六時間後、窓から地上を見ると、冬のシベリアの氷原あるいはタイガ（針葉樹林）の中に、突然巨大な製油所のような施設がいくつも現れた。筆者は小学生のころ、横浜の根岸にある製油所の近くに住んでいたので、毎日製油所を見ていた。もちろん、シベリアにあるのは原油からガソリンや灯油を生産する製油所ではなく、巨大な油田や天然ガス田の石油・天然ガス生産設備やタンク群、生産された石油・天然ガスを輸送するパイプライン網だった。

人里離れたシベリアの奥地に点在する石油・天然ガスの生産設備や、そこから欧州などに向かう長大なパイプライン網は、まだ若かった筆者に強烈な印象を与えた。シベリアの過酷な自然に挑んでまでも、そこに眠る膨大なエネルギー資源を開発・生産し、パイプラインを使って数千キロ離れた消費地まで輸送しようという、人類の強烈な意思のようなものを感じたのだ。このシベリアの光景が、ロシアのエネルギーに興味を持つ契機になった。

その後、一九九〇年代半ばから二〇〇〇年代前半にかけて、外務省本省およびコーカサスの国アゼルバイジャンにある日本大使館で勤務したことは、間接的にではあるがロシアを知るうえで貴重な経験となった。旧ソ連諸国とロシアの政治・経済関係、ロシアが旧ソ連諸国に与えた影響などを、エネルギー面も含め、中央アジアやコーカサスで直接見聞きし、中央アジアやコーカサスの側からロシアを見ることができたのは大きかった。

しかし、この頃もロシアの政治や経済についてはあまり知識がなく、ロスネフチといっても社名しか知らなかった。ロシアに駐在するチャンスのないまま、業務の都合でロシアの政治や経済、そしてロスネフチを調べ始めたのは、二〇一〇年代に入ってからである。そしてロスネフチを知れば知るほど、ロシアの経済のみならず政治、外交といった様々な側面を総合的に見て理解することができると気付くまでに、それほど時間はかからなかった。

ロスネフチ――正式名称は「公開型株式会社　石油会社ロスネフチ」――は、ロシア最大の石油会社である。「ネフチ」はロシア語で石油を意味し、そのまま訳せば「ロシア石油」となる。ロシア国内を中心に石油・天然ガスの開発・生産を行うほか、石油の精製や生産した石油・天然ガスの国内外への販売などを手掛けている（表1参照）。二〇一〇年代以降は、プーチン政権の意向を受けて造船業への参入を通じ極東開発を推進するとともに、北極圏及び北極海航路開発にも参画している。

首都モスクワに本社を置き、ロシア国内だけでも約三三万人を雇用して、国内のみならず国外二五ヶ国で石油・天然ガス関連事業を展開している。二〇一八年の売上高は円換算で約14・7兆円と、日本企業で同年の売上高第二位を誇る本田技研工業（約15・4兆円）に近い規模を持つ。ロシア有数の大企業であり、同年のロシア政府に対する納税額は四兆ルーブル（約七兆円）で、ロシア最大の納税者でもある。

ロスネフチは、ロシア政府が過半数の株式を保有する国営企業であり、二〇〇八年に施行された所謂（いわゆる）「戦略企業法」を以って、「ロシアにとって戦略的な価値がある企業（戦略的企業）」の一社に指

表1）ロスネフチの概要（2018年通年実績：同社年次報告書などを基に作成）

設立年／本社所在地　1993年／ロシア連邦モスクワ市
主な事業内容　ロシア国内外での石油・天然ガス開発・生産、精製、販売など
最高経営責任者（CEO）　イーゴリ・セーチン（Igor Sechin）
主要株主（保有シェア）　ロシア政府（50.00000001%）*1、英BP（19.75%）、カタール投資庁（18.93%）
石油・天然ガス生産量*2
　石油　日量467.3万バレル（日本の消費量の約1.2倍）
　天然ガス　年間672.6億m^3（同6割弱）
石油・天然ガス確認埋蔵量*3　414.3億石油換算バレル
石油精製量*4　1億1,504万トン
売上　8兆2,380億ルーブル（約14兆5,813億円）
純利益　5,490億ルーブル（約9,717億円）*5
信用格付け（19年9月時点）　BBB（S&P）／Baa3（Moody's）
従業員数（18年末時点）　32万5,600人

*1　ロシア政府が100%株式を保有する国営企業ロスネフチガスを通じて保有。
*2　石油・天然ガス何れも海外での生産量を含む。海外を除いた国内生産量は、それぞれ日量460.4万バレルおよび年間643億m^3である。また、日本の消費量は石油・天然ガス何れも2018年。
*3　米国証券取引委員会（SEC）規則に従って作成・公表した値。
*4　海外出資先の製油所の精製量を含む。ロシア国内の精製量は1億330万トン。
*5　2018年通年のロシア・ルーブル／円平均レート1.77円（三菱UFJ銀行公表値中値）を基に換算。純利益はロスネフチの株主への帰属分（被支配株主帰属分を合算した純利益は、6,490億ルーブル（約1兆1,490億円））。

定されている。ＣＥＯのセーチン氏は、言わずと知れたプーチン氏の側近中の側近。ロシア政府は数ある国営企業の中でロスネフチにのみ、株主総会の決議へ拒否権を持つ「黄金株」一株を保有している。このため株主総会でロシア政府にとって不都合な議案が提出されても、ロシア政府はそれを拒否できる。黄金株の存在は、ロシア政府がロスネフチを重視し、絶対的な政府のコントロール下に置きたいという意思の表れとも言える。

ロシア政府にとってそれほど重要な国営企業でありながら、二〇一七年以降、取締役会長は前ドイツ首相のシュレーダー氏である。プーチン氏との親密な関係で有名な人物だが、会長就任時にはドイツ国内で、前首相が欧米の対露制裁対象企業の役員になることへ多くの批判が聞かれた。この人事はロシアとドイツの、他の欧米諸国とロシアとの間に見られない「特別な関係」を示しているようにも見える。

プーチン氏の側近中の側近が率い、ロシアの石油輸出の中核を担いつつ国外でも事業を展開し、極東や北極圏開発を政府に代わって推進する巨大国営企業ロスネフチ。それは、ロシアにおける政治と経済の近い関係、資源輸出依存型経済、経済発展の新たな可能性を極東や北極圏に見出そうとするプーチン氏やロシア政府の意向など、最近のロシアの政治・経済の特徴を表しており、現代ロシアの「縮図」と言っても過言ではない。

しかし日本において、同じロシアの国営企業で世界最大の天然ガス生産量を誇るガスプロムが、ロシアの石油・天然ガスの主要輸出市場である欧州向けの新たな海底パイプライン建設や、新たな市場である中国向け陸上パイプラインを巡って頻繁に報道などで登場するのに比べ、ロスネフチが取り上げられる機会は比較的少ない。

本書は、このような「ロシアの縮図」とも言うべきロスネフチについて、限られた紙面ではあるが総合的な解説を試みたものである。まず第1章では、ロスネフチの歴史について、成長とその背後にあった出来事について述べる。第2章ではロシアと石油・天然ガス、ロスネフチの石油・天然ガス事業について触れた後、第3章では欧米による対露制裁後のロスネフチの新たなフロンティアとして地域開発、海外での事業展開について説明を試みる。

そして「おわりに」で、ロスネフチの今後について、プーチン氏が二〇二四年に通算四期目の任期満了を迎えることな

ロスネフチのロゴ：「ロシアの利益のために」とのキャッチコピー（出典：同社ホームページ）

どを踏まえつつ予測してみた。

なお、本書のデータは二〇一九年九月時点の情報を基にしている。本書の内容は全て筆者個人の意見であり、筆者が勤務するインペックスソリューションズ株式会社あるいはその親会社である国際石油開発帝石株式会社の、見解あるいは方針ではないことをご承知おき願いたい。

（注）石油や天然ガスについての諸数値は、基本的に英石油会社ＢＰが二〇一九年六月に公表した、**BP Statistical Review of World Energy 2019**（以下「ＢＰ統計」）から引用した。ＢＰ統計は毎年公表されており、石油や天然ガスのみならず、温室効果ガス排出量など、エネルギー関連の様々なデータを国別などで掲載しており、ロシアと他国の石油や天然ガスの生産量などを容易に比較できる。本書に掲載した図表でデータの出典が明記されていないものは、何れもＢＰ統計が出典である。

なお、都合により一部の図表ではＢＰ統計以外、例えばロシアの連邦統計局あるいは連邦関税局のデータを利用したが、恐らく統計作成時の前提の違いから、ロシア全体の生産量や輸出量について、ＢＰ統計と異なる数値になっているものがある。しかしこのような差異は、本書の目的であるロスネフチの解説に影響を与えるものではないので、そのまま記載した。

参考にした文献などの原表現に基づき、文中で「石油」と「原油」と言う言葉を使用している。「原油」は、油田から採掘したままの状態で精製されていないものであるのに対し、「石油」は、原油に加えて天然ガス田から液体分として採取される原油の一種であるコンデンセートを含む。

石油・天然ガスの単位について、本書では石油について精製量など一部を除きバレル（barrel）、天然ガスについては立方メートル（㎥）を使用した。バレルになじみの薄い読者もおられると思うが、石油のデータはバレルで表示されていることが多いので、敢えて採用した。ＢＰ統計では、石油1トン＝7・33バレル（1バレル＝0・1364トン）である。石油の生産量および消費量の表示には、一日当たりの生産量あるいは消費量をバレルで示す「日量」（barrel per day）を使用すると共に、原データがトンで表示されていたものは、他データとの比較をしやすくするため、敢えて1トン＝7・33バレルで日量バレルに換算した。

天然ガスの埋蔵量は石油に換算の上、石油と合算して「石油換算バレル」という単位で記載される。ＢＰ統計では、天然ガス10億立方メートル＝石油588・3万石油換算バレルである。

通貨に関し、文中で「ドル」と記載されているものは米ドルを指す。

1　ロスネフチの歴史——光と影

まず図1をご覧頂きたい。ロスネフチが一九九九年から二〇一八年にかけての二十年間でどれだけ事業を拡大し、成長を遂げつつロシアの経済や社会に貢献したかを示したものである。売上の伸びや石油生産の規模の拡大もさることながら、二〇一八年時点で中央政府の歳出の28%に当たる額を税金として国家に納め、30数万人を雇用しているあたりは、ロシアの経済・社会におけるロスネフチの存在の大きさを如実に示している。

しかし、ここまでに至る道のりは決して平坦ではなく、勢いを得て成長した時期もあれば、大きく飛躍しようとした矢先に出鼻をくじかれるようなこともあった（表2参照）。

（1）停滞から飛躍へ

ロスネフチは一九九三年四月に設立された。設立母体は、ソ連崩壊直前の一九九一年十月に当時の石油ガス工業省から石油開発・生産を引き継いで設立されたロスネフチガス（今日のロスネフチガスとは別組織）である。当時、ロシア政府が市場経済化の一環として進めていた国営企業民営化の流れに従い、ロスネフチガスはロスネフチ設立と同時に、傘下にあった他の複数の石油会社を切り離して独立させた。

その中には、二〇一八年時点で石油生産量第二位のルクオイル、第四位のスルグトネフチガスに加え、後にロスネフチに買収されるユガンスクネフチガスを保有するユコスが含まれていた。ユコスの株式は当初ロシア政府が保有していたが、一九九五年以降の民営化の過程で、ロシアの新興財閥（オリガルヒ）を率いるミハイル・ホドルコフスキー氏へ実質的な所有権が移った。

図1）ロスネフチによるロシアの社会と経済発展への貢献
（出典：2019年6月のロスネフチ定時株主総会資料へ筆者が加筆）

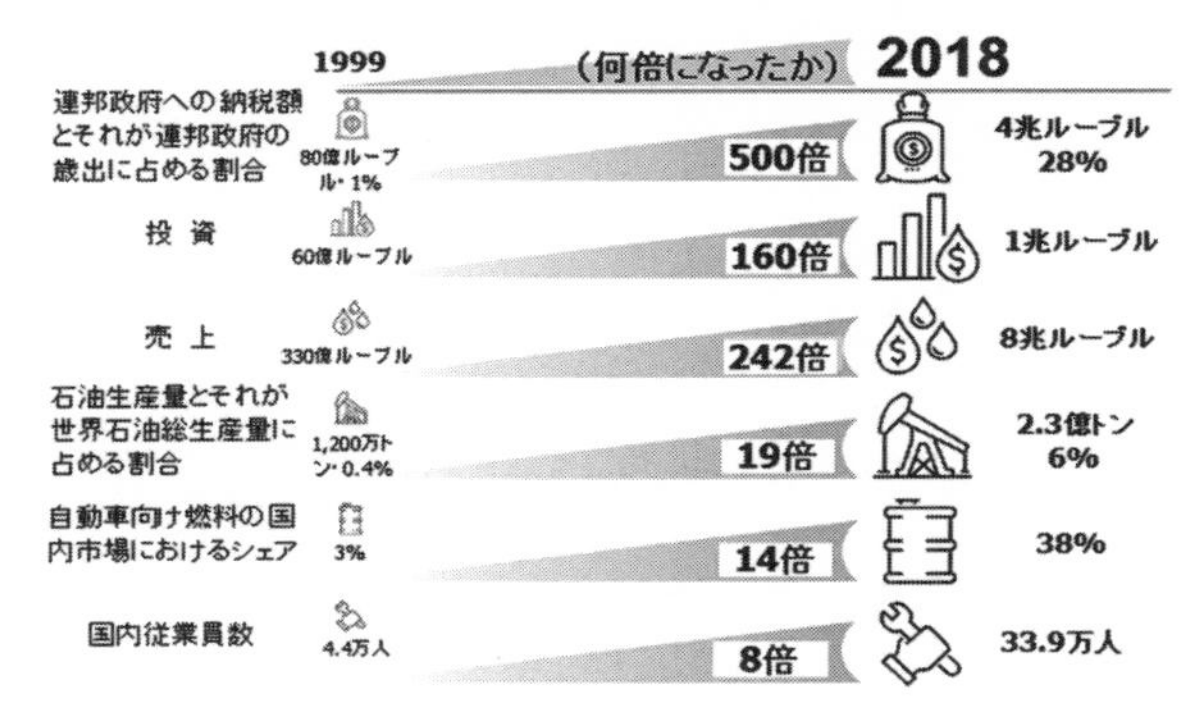

ロスネフチは一九九五年に株式会社化されたが、その時点でロスネフチに残されていたのは、先に独立した石油会社に譲渡されなかった、老朽化した油田（出資先が保有するサハリンの油田群や、直接参加するサハリン1プロジェクト権益も含む）や製油所だった。一九九八年、ロシア政府が債務不履行に陥った、いわゆるロシア金融危機の頃には、石油の生産減少や石油製品の販売低迷により、一時的に厳しい経営状況に陥ったこともあった。

しかし、一九九八年にはいずれも「サハリン」がキーワードとなる、二つの転機があった。ひとつは、ロスネフチの出資先であるサハリンの石油会社でトップを務めていたボグダンチコフ氏がロスネフチの社長に就任したこと。もうひとつはサハリン沖で、英ＢＰと石油開発に関する共同事業を始めたことである。

ボグダンチコフ社長はその後二〇一〇年まで社長を務め、ユコスの子会社ユガンスクネフチガス買収などを通じて事業を積極的に拡大し、セーチン氏と共に同社を国内最大の石油会社に育て上げた。ボグダンチコフ社長のもとで油田への設備投資を継続した結果、二〇〇一年に国内第七位と低迷していた石油生産量は、二〇〇二年以降は増産基調となった。

一方、サハリンで始まったＢＰとの共同事業は成功しなかったものの、両社の関係は二

表2）ロスネフチの歴史（各種公開情報を基に筆者作成）

1993年 4月	設立
1998年10月	ボグダンチコフ氏が社長就任（～2010年）
2004年 7月	セーチン大統領府副長官（当時）、ロスネフチ取締役会長に就任（～2011年）
2004年9月	ロシア政府、ガスプロムによるロスネフチ買収を承認（→2005年に事実上撤回）
2004年12月	民間最大手石油会社ユコスの主要生産子会社ユガンスクネフチガスを買収【最初の大型買収】
2005年 1月	中国国営石油会社と初の長期石油供給契約を締結（その後2009年、2013年、2015年および2018年に、他の同国国営石油会社などと同様の契約を締結）
2006年 7月	モスクワとロンドンで株式を上場
2011年 1月	BPとのグローバルな戦略提携に関する合意を発表（同年5月に破談）
2011年 8月	米エクソンモービルと、北極海ロシア大陸棚（以下「ロシア大陸棚」）（＊注）や西シベリア・シェール層開発などに関する戦略的協力協定を締結（2012年にはイタリアのエニ、ノルウェーのスタットオイル（当時、現エクイノール）とも同様の協定を締結）
2012年 5月	セーチン氏（直前に副首相を退任）、最高経営責任者（CEO）に就任
2012年10月	ロシア第3位の石油会社TNK-BPを買収し、ロシア最大かつ世界最大の上場石油会社（当時）になる【2回目の大型買収】
2013年12月	ロシア政府よりLNG（液化天然ガス）輸出権を取得
2014年7～9月	米国が、ロスネフチを含むロシアのエネルギー企業数社に、金融制裁および技術・サービス輸出禁止を相次いで実施（EUも同年9月、同様の措置を実施）
2014年 9月	北極海ロシア大陸棚のカラ海で、米エクソンモービルと巨大油田「パベーダ（勝利）」を発見（しかし同月、エクソンは米国の制裁によりプロジェクトから撤退）
2015年11月	英BPに、東シベリアのタース・ユリャフ油田の権益20％を売却（国際的なエネルギー企業が東シベリア陸上油田へ参入した初のケース）
2016年10月	①インド企業コンソーシアムに、東シベリア・バンコール油田の権益49.9％およびタース・ユリャフ油田の権益29.9％を売却、②ロシアの中堅国営石油会社バシュネフチを買収【3回目の大型買収】
2016年11月	ウリュカエフ経済発展大臣（当時）、ロスネフチによるバシュネフチ買収に際し、ロスネフチに200万ドルの賄賂を要求したとして身柄を拘束（→2017年有罪確定）
2016年12月	エジプト沖地中海のゾール天然ガス田の権益30％を取得
2017年6月	中国・北京燃気に、東シベリア・ベルフネチョン油田の権益20％を売却
2017年12月	取締役会が「2022年までの戦略」を承認
2018年 9月	カタール投資庁がロスネフチの株式18.93％を取得し、第3位の株主に

＊注　大陸棚とは沿岸から200カイリ（約370キロ）までの海底とその地下を指し、沿岸国はその範囲にある海底資源の探査、開発および採取などに優先権を持つ。

〇〇六年の北極圏に関する共同科学調査、同年のロスネフチ株式上場時におけるBPによる10億ドル相当の株式購入といった形で発展した。さらに二〇一二年、BPの出資先であったロシアの民間石油会社TNK‐BPをロスネフチが買収したことで、両社の関係は一気に強化されることになる。

最初の転機——ユガンスクネフチガス買収（二〇〇四年）

二〇〇四年、政府主導で進んでいたロスネフチとガスプロムの合併計画は、同年九月、プーチン大統領がいったんは了解したものの、ボグダンチコフ・ロスネフチ社長は合併への反対を表明。同年七月に大統領府副長官のままロスネフチ会長に就任したセーチン氏も合併に反対したと言われ、結局二〇〇五年五月に合併構想は頓挫（とん）した。

ロスネフチにとって最初の事業拡大のきっかけとなったのは、二〇〇四年十二月に行われた民間石油会社ユコスの主力生産子会社ユガンスクネフチガスの買収であった。ユコスは、西シベリアや東シベリアで新たな探鉱（石油や天然ガス鉱床を探り、その位置や形、埋蔵量を調査すること）・生産技術や操業管理手法などを積極的に導入することで生産量を伸ばし、二〇〇三年時点では日量161・4万バレルと前年首位のルクオイルを抜いてロシア最大の石油会社になり、既に世界全体の石油生産量の約2・2%を占めるまでになっていた。

しかし、ユコスの経営者であるホドルコフスキー氏は以前から政治に関心を持ち、将来大統領選に出馬すると公言していた上、野党への資金提供まで行ったことで、プーチン政権の強い反感を買った。そのような状況の中、二〇〇三年七月にユコスの持ち株会社メナテップの会長が逮捕され、ユコス本社も捜査対象となった。更に同年十月、ホドルコフスキー氏を含む同社経営幹部が横領および脱税の疑いで逮捕された。

ユコスは二〇〇〇年~二〇〇三年までの脱税の罪で一七五億ドルの追徴課税を受けた。翌二〇〇四年十二月、ロシア政府はユコスの追徴課税分および罰金回収のため、当時ユコスの石油生産量の三分の二近くを生産していたユガンスクネフチガスを競売に付した。最終的にはロスネフチが、ダミー会社を通じて九四億ドルで同社を落札し、事実上傘下に収めた。

ユガンスクネフチガス買収により、ロスネフチの石油生産量は二〇〇四年の日量43・1万バレルから、二〇〇五年には同148・1万万バレルと一気に三倍強の増加を見せた（グラフ1参照)。これと対照的に、主要生産子会社を失ったユコスは二〇〇六年に裁判所から破産宣告を受け、事実上解体された。

ホドルコフスキー氏逮捕に端を発しユコス解体に至る流れは、一般的に「ユコス事件」と呼ばれる。その背景には、まぎれもなく政治に関与しようとしたホドルコフスキー氏とプーチン氏の鋭い対立があった。二〇〇四年は、セーチン氏が大統領府副長官という役職を維持したまま、ロスネフチの取締役会長に就任した年でもある。後年、ホドルコフスキー氏は報道機関とのインタビューで、「事件を主導したのはセーチン氏だ」と断言している。セーチン氏自身は明確に否定しているものの、二〇〇三年時点でロシア最大の石油生

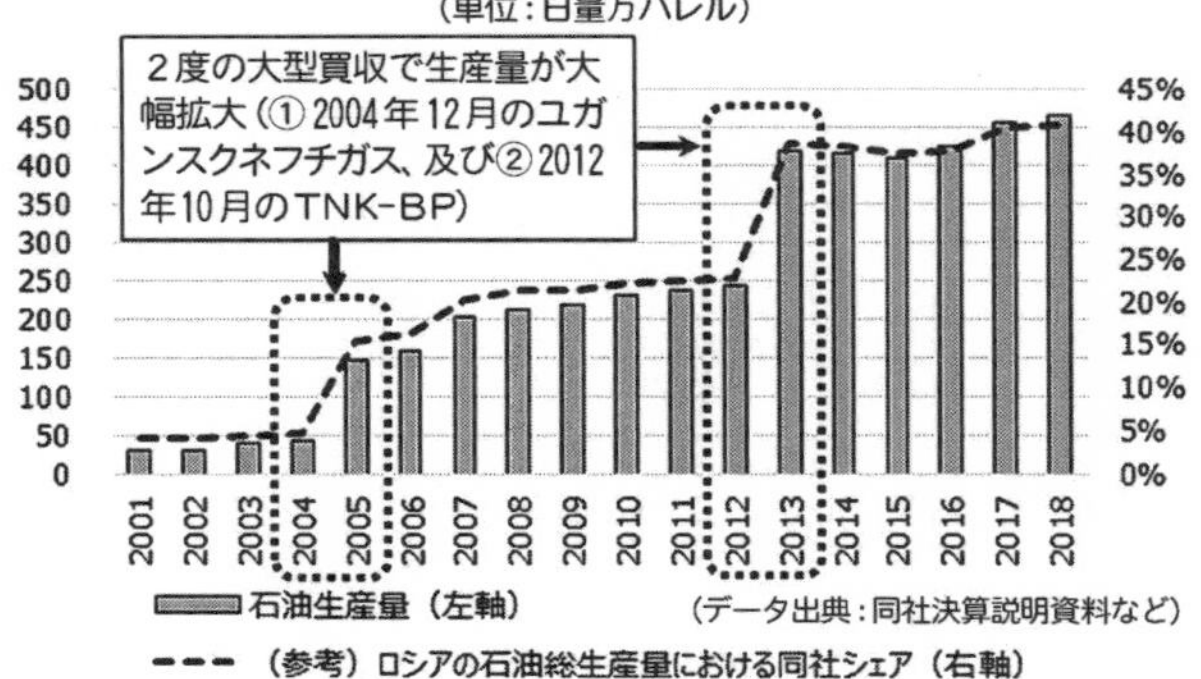

産量を有していたユコスがその後数年で解体されたことは、世界に対し「ロシアの石油・天然ガス産業の投資環境は不透明だ」という印象を与えた。そして、ロスネフチという企業のイメージに少なからず影を落とした。

第2の転機――TNK - BP買収（二〇一二年）

二〇〇六年七月、ロスネフチはモスクワおよびロンドンで、ロシア政府保有株を中心に株式公開を行い、円換算で一兆円を超える一〇四億ドルを調達した。株式公開に当たり、ボグダンチコフ社長は二〇〇七～二〇一〇年までの投資計画を発表したが、その中で特に脆弱な石油精製事業の強化に重点を置くことを強調した。精製事業の強化はその後もロスネフチにとっての課題となり、二〇一六年の国営企業バシュネフチ買収に繋がる。

二〇〇七年、ロスネフチの石油生産量は日量202・7万バレルを記録してロシアの総生産量の20％を占め、前年まで首位だったルクオイルを抜いてロシアの首位に躍り出た。

二〇〇八年においても、リーマンショックによる経済の混乱などがあったにも拘らず、同社は全社的な効率改善などを通じて、生産量の前年比微増を実現した。

この年は、セーチン氏にとっても大きな変化の年であった。当時首相だったプーチン氏から指名されてエネルギー担当の副首相に就任し、石油・天然ガスのみならずエネルギー全般を担当することで、電力を含むエネルギー分野全般への影響力を強めた。国営電力部門の再編に伴い設立された、電力の輸出入を担当するインテルRAO・EESの会長にも就任し、本書執筆時点で同社取締役会長を兼務している。

また、中露間で天然ガス供給について協議する枠組みである中露エネルギー対話のロシア側議長に就任したことで、中露間のエネルギー案件についても強い影響力を持つことになった。それを契機に、セーチン氏は中国要人とのパイプを強化していったことに疑いの余地はない。筆者は知人より、「ロシア側で対中関係を取り仕切っているのは外務省ではない。ロスネフチである」という話を聞いたことがある。その後今日に至るまで、セーチン氏が一国営企業のトップであるにも拘らず、中露間の重要な会議で基調演説に臨むシーンを見ていると、今もセーチン氏と中国の関係は非常に太いように思えてならない。

もう一点、二〇〇八年にセーチン氏がロシア最大の造船会社であった国営「統一コーポレーション」会長に就任し、二〇一一年までその地位にいたことを付け加えておきたい。

この会社は、ソ連崩壊後の投資不足などで長らく低迷していたロシアの造船業を立て直すべく、第3章で登場する極東のズベズダ（ロシア語で「星」の意）造船コンプレックスを含む、既存の複数の造船所を統合して設立された。セーチン氏がソ連時代からロシアの造船業の中心であるサンクトペテルブルク出身であることも、「統一コーポレーション」会長就任と関係があるように見受けられる。

ロシア政府はロシア大陸棚で使用する洋上掘削・生産設備や北極海航路向けの砕氷能力を持ったタンカーなどの建造を、ロシアの造船業発展の軸に据えようとしている。セーチン氏はロシア大陸棚や北極海航路開発促進、極東における産業多角化および雇用拡大の観点から、ズベズダ造船コンプレックスの経営に深く関わることになる。

二〇一〇年、十年近く社長の座にあったボグダンチコフ氏が退任し、第一副社長だったフダイナトフ氏が昇格してロスネフチの社長に就任した。社長交代の背景には、セーチン氏とボグダンチコフ氏との間に、ロスネフチの経営を巡る意見の対立があったとも言われる。フダイナトフ氏はセーチン氏に近いと言われ、二〇一二年にセーチン氏が同社CEOになると第一副社長の座に退き、翌二〇一三年にロスネフチを去って、自身の石油会社を立ち上げた。後にセーチン氏が北極圏開発へ本格的に着手した際には、そのパートナーとして登場するなど、両者の親密な間柄を伺わせた。

二〇一一年一月、ロスネフチはＢＰとのグローバルな戦略提携に関する合意を発表した。主な内容はロスネフチとＢＰの株式交換や、両社で北極海の一部であるカラ海のロシア大陸棚三鉱区を共同開発することであった。

ロシア大陸棚では、極東のサハリン島周辺など一部を除き、ほとんど石油や天然ガスの生産実績がない。巨額の投資と人材をつぎ込んで探鉱しても、結局石油や天然ガスが見つからない、あるいは見つかったとしても巨額の投資を回収したうえで適当な利益を出せるような十分な埋蔵量が確認できず、投資が回収不可能となるケースが多かった。

特に気象・海象条件の厳しい北極海のロシア大陸棚を単独で開発するための技術と経験、資金力に欠けるロスネフチは、これらを有する国際的な巨大石油資本（以下オイルメジャー）と、北極海での開発を実現しようとした。

この合意は、ロスネフチにとってはオイルメジャーとの初の大型提携であり、ＢＰにとっては九〇年代末からのロスネフチとの関係強化がようやく実を結んだはずだった。

ところがロスネフチとＢＰの合意発表直後、ロシアで石油生産量第三位の合弁企業ＴＮＫ‐ＢＰのロシア側出資者グループＡＡＲ（Alfa-Access/Revovaの略）が、ロンドンの裁判所に、「ＢＰとロスネフチの合意がＴＮＫ‐ＢＰを除外しているのは、ＢＰと締結したＴＮＫ‐ＢＰの株主間協定に違反する」と訴訟を起こした。

ＴＮＫ‐ＢＰは二〇〇三年に、ＢＰとＡＡＲが等分出資して設立された合弁事業で、二〇〇七年時点で日量160万バレルの石油を生産し、東シベリアや西シベリアにも未開発の有望な石油や天然ガスの鉱区を保有していた。二〇〇八年に両株主間で経営の主導権を巡る争いはあったものの、ロシア政府も特に関与はしなかった。

この訴訟は、ＡＡＲがＢＰに、株主間協定に基づきロシアではＴＮＫ‐ＢＰを通じて活動するよう求めたものだが、巷では、プーチン氏の側近であるセーチン氏が推進するＢＰとの合意へ、ＡＡＲを構成する四人の新興財閥（オリガルヒ）が公然と反対していると話題になった。

同年五月、ロスネフチ・ＢＰの合意は破談になったが、ロスネフチ・ＢＰ・ＡＡＲは話し合いを続け、翌二〇一二年十月、ＢＰとＡＡＲはそれぞれ保有しているＴＮＫ‐ＢＰ株式50%ずつをロスネフチに売却し、売却代金に関しBPはロスネフチ株式（発行株式総数の18・5%）＋差額一二三億ドルを、AARは二八〇億ドルをロスネフチから受領することで合意した。

ロスネフチはTNK-BPを吸収することで、その時点でエクソンモービルを抜き、二〇一九年十二月にサウジアラビア国営石油会社サウジアラコムが上場するまで、上場企業としては世界最大の石油・天然ガス生産量と確認埋蔵量を有する石油会社であった。西シベリアや東シベリアにある、石油・天然ガスの有望鉱区も手中に収めることができた。石油生産量は70%以上伸びて日量400万バレル台に達したのみならず（前掲グラフ1参照）、天然ガス生産も二〇一三年の生産量は前年比で二倍超（133%増）となった（グラフ2参照）。

一方、BPは二〇〇八年以来確執が続いていたAARとの提携を解消できたほか、一二三億ドルの現金を手にするのみならず、ロスネフチの保有株式シェアを19・75%とロシア政府に次ぐ地位に高め、ロスネフチ本社に取締役二名を送り込むことに成功した。二〇一四年の対露制裁により他のオイルメジャーがロシアでの事業を撤収あるいは断念する中、BPは引き続きロスネフチとの関係を維持・強化し、東シベリアそして北極圏での共同プロジェクトを実現していく。

二〇一一～二〇一二年にかけては、別の大きな動きが見られた。二〇一一年八月、ロスネフチはエクソンモービルと、北極海ロシア大陸棚および黒海での共同開発事業、西シベリアに広がる大量の石油や天然ガスが発見されているものの開発が困難なシェール（頁岩）層の開発、またエクソンモービルが第三国で行っている事業へのロスネフチ参画などを含む、戦略的協力協定を締結した。

更に二〇一二年四月、イタリア国営石油会社エニとバレンツ海および黒海の計三鉱区の共同事業などに関する戦略的協力協定を、翌五月にノルウェー国営石油会社スタットオイル（当時、現エクイノール）とバレンツ海およびオホーツク海の四鉱区の共同事

グラフ2）ロスネフチの天然ガス生産量推移
（単位：年間億m³）

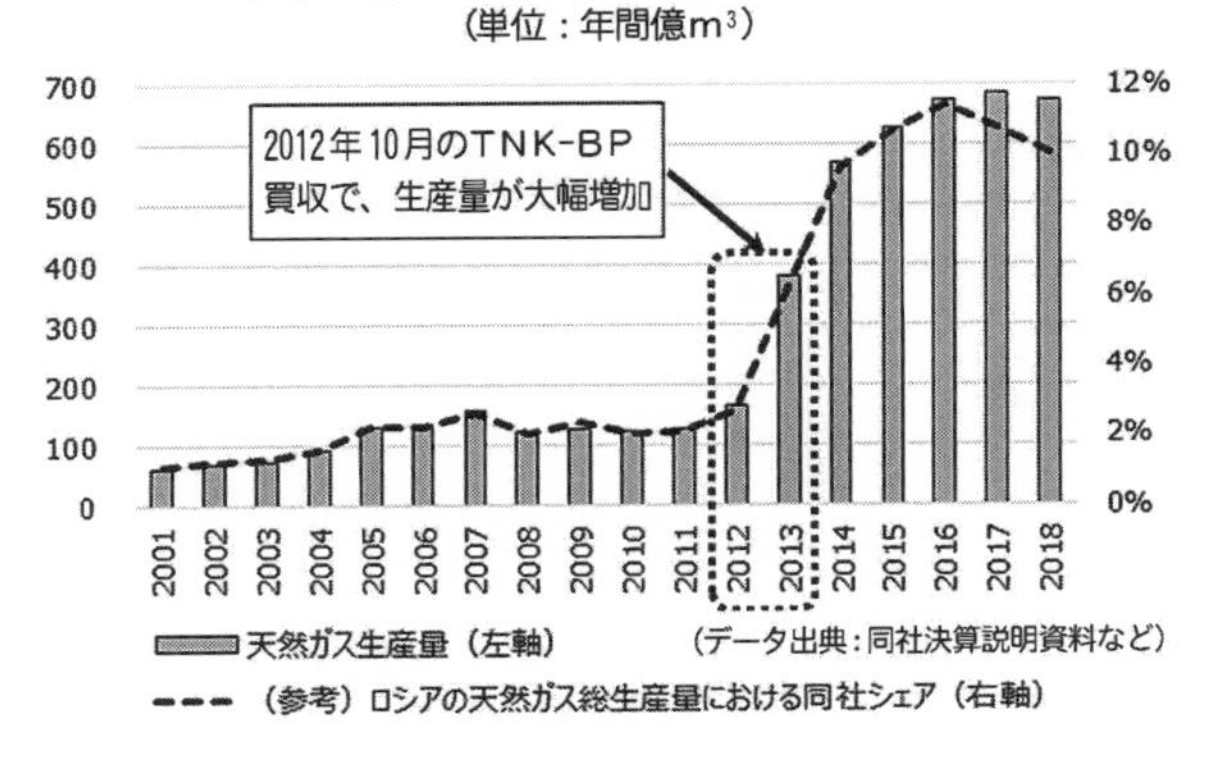

業などに関する戦略的協力協定を、相次いで締結した。

エクソンモービル、エニおよびスタットオイルというオイルメジャー三社との戦略的協力協定締結は、セーチン氏が達成した枢要な成果である。二〇一二年五月にロスネフチCEOに就任したセーチン氏は、同社の戦略目標として、精製部門の近代化、積極的な油田開発と石油の増産などを挙げると共に、大手外資企業との海洋における共同探鉱事業は非常に重要であり、ロスネフチの今後の成長と発展を約束するものであると述べている。

三社との提携は、ロシア単独では困難で、オイルメジャーの技術と経験があってこそ可能な北極海あるいはシェール層開発を実現し、ロスネフチをはじめとするロシアの石油・天然ガス産業に、新たな埋蔵量発見を含む大きな可能性をもたらすはずであった。しかし、二〇一四年の対露制裁により、それらの可能性の芽は無残にも摘まれてしまうことになる。

(2) 対露制裁と活路の模索

ウクライナ危機と欧米による対露制裁（二〇一四年～）

二〇一四年二月にウクライナで、ロシア寄りのヤヌコーヴィチ政権が崩壊したことがきっかけとなり、プーチン政権は翌三月、ロシア系住民の多いウクライナ領クリミア半島の併合に踏み切った。これに対しウクライナのみならず国連、米国、EU諸国そして日本も、ウクライナの国家主権および領土を侵害する違法行為であるとして、ロシアによるクリミア併合を承認せず、同年三月に対露制裁を発動した。

同年四月、米国はセーチン氏に関し、「プーチン大統領へ完全な忠誠心を示し、それが同人の現在の地位の重要な要素になっている」と説明した上で、他のロシア要人と共に米国への渡航禁止および米国内の資産凍結を決定した。

同年七月、ウクライナでマレーシア航空機が何者かによって撃墜されると、欧米による対露制裁は一気に強化された。対露制裁は複雑かつ多岐にわたっているが、ロスネフチを個別に対象とした、あるいはほかのロシア企業などとともに課せられている制裁のうち主なものを抜き出したのが、表3である。

欧米の対露制裁がロスネフチに与えた影響は甚大だった。米国およびEUの制裁は、同社がまさに今から欧米オイルメジャーと手がけようとしていた、ロシア大陸棚およびシェ

表3) ロスネフチに課せられている主な欧米の対露制裁の概要（2019年9月時点）

米国	EU
金融制裁	
外国金融機関あるいは国際金融市場などから、期間60日以上の資金調達（借入、債券発行など）が不可能に ※ロスネフチを含む、ロシアのエネルギー企業数社を対象とした制裁	外国金融機関あるいは国際金融市場などから、期間30日以上の資金調達（借入、債券発行など）が不可能に ※ロスネフチを含む、ロシアのエネルギー企業数社を対象とした制裁
輸出規制	
将来的に石油生産に繋がる可能性のあるもの、具体的には①大水深（水深500フィート≒152m以深）、②北極海、および③シェール層開発に必要な資機材および役務（サービス）が、調達不可能に ※他のロシア・エネルギー企業と並んで、ロスネフチおよび子会社15社を対象とした制裁 ※既得権者除外条項（注）を認めない一方、制裁対象企業の株式取得は可能 ※米国人はロシア領内のみならず、世界全域でロスネフチに対し、上記3項目を輸出（提供）禁止 ※米国人のみならず外国人も、ロシア領内で上記3項目を輸出（提供）禁止	将来的に石油生産に繋がる可能性のあるもの、具体的には①大水深（水深152 m以深）、②北極圏（北極海と解される）、および③シェール層開発に必要な資機材および役務（サービス）が調達不可能に ※対象企業を指定していない（＝ロスネフチも対象） ※既得権者除外条項（注）を認める一方、制裁対象企業の新規株式取得を禁止
その他	
ロシアからのエネルギー輸出パイプラインへの資金・技術供与を制限 ロシアの国営企業への民営化への関与を制限 ※どちらもロスネフチを名指しはしていない ※上記2項目とも米国人＋外国人を対象	（注）既得権者除外条項（グランド・ファーザー条項とも呼ばれる） 新しい規則によって事業活動等に制約を受ける場合，既に当該活動に従事している企業等は規則の適用外となることを規定している条項。 対露制裁において、同条項が適用されると、制裁発動前に締結した契約等に基づく貸付、輸出あるいは役務関連契約は、制裁の対象にならないと解される。

ール層開発を狙い撃ちすることで実現を困難にするとともに、必要となる資金調達の道を、事実上断った。

輸出規制の対象となる開発、即ち①大水深（水深152メートル以深）、②北極海、および③シェール層開発は、一部の海域を除き、オイルメジャー三社との戦略的協力協定の対象そのものだった。

金融制裁は、ロスネフチの国際金融市場におけるドル建てあるいはユーロ建ての中長期の資金調達のみならず、既存借入の借り換えすら、ほぼ不可能にした。ロシア大陸棚の開発は、ロシア国外から資機材やサービスの調達が必要になることから、必要資金は主にドルを中心とする外貨建てとなる。その資金調達さえもできなくなった。

ロスネフチに追い打ちをかけたのが、二〇一四年以

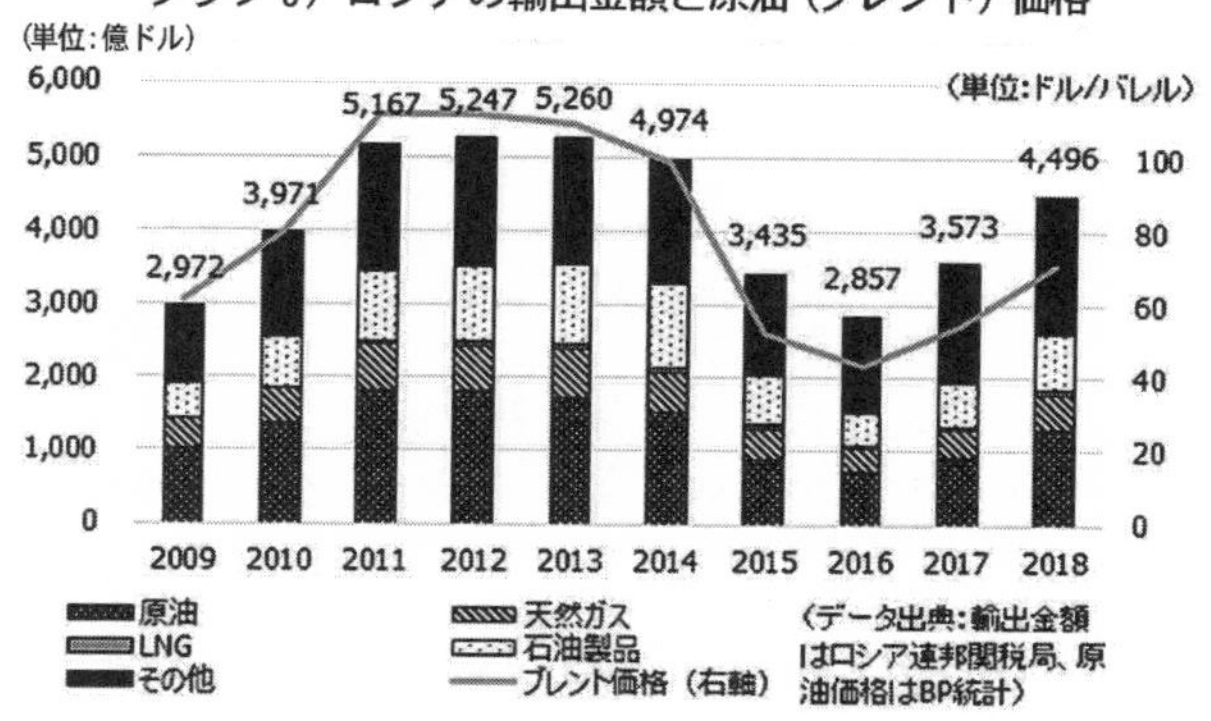

降の原油価格下落と、制裁発動による外国為替市場におけるロシアの通貨ルーブルの下落だった。ロシア経済が原油・天然ガス輸出に依存していることから、二〇一一年以降、原油価格とルーブルの対ドル相場は連動している。

グラフ３は原油、天然ガス、ＬＮＧ、石油製品および他の商品の輸出金額推移（左軸を参照）、加えて原油市場における主要な指標原油であるブレントの価格（右軸を参照）を示したものである。注目すべきは、輸出総額がブレント価格とほぼ連動していることで、ロシアの輸出構造が原油価格の影響を受けやすいことを示している。

グラフ４は輸出総額に占める原油、天然ガス、ＬＮＧおよび石油製品輸出額のシェアを示したものだ

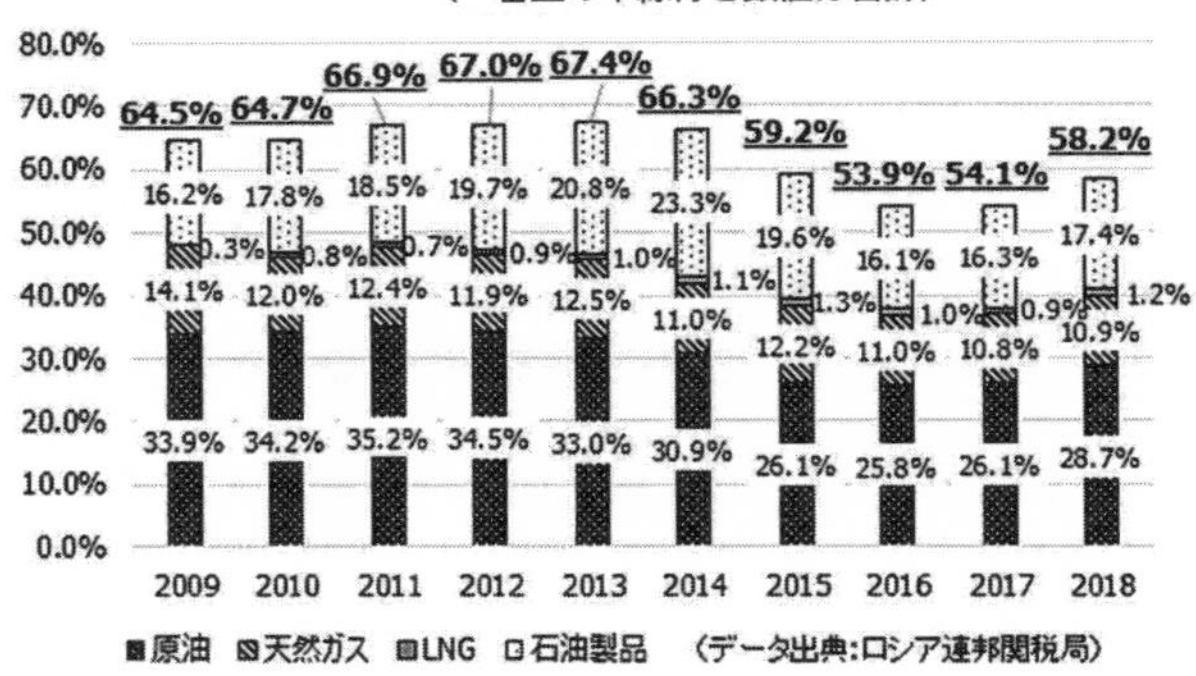

が、過去十年間で低下傾向にあるものの、二〇一八年時点で依然58・2%であり、同年の石油と天然ガスのシェア合計だけでも39・7%を占める。石油と天然ガスだけで輸出総額の約四割を占めることは、ロシアがエネルギー資源輸出に大きく依存していることを端的に示している。

ルーブルの対ドル相場は二〇一一年以降、原油価格に連動している（グラフ5参照）。ロシアにとって運の悪いことに二〇一四年、原油価格は世界景気の先行き不透明感や米国のシェール増産により下げに転じ、二〇一六年には二〇一四年の半値以下のバレルあたり43・73ドルまで下がった。ルーブルもまた、クリミア併合による対露制裁発動とその強化によるロシア経済の先行き不安定化リスクの上昇に加え、

原油価格の下落にも連られ、二〇一六年には二〇一四年の半値近い1ドル＝66・83ルーブルまで暴落した。

ロスネフチはTNK‐BP買収資金を含む巨額の事業資金を、国内外の銀行から主に外貨建てで借り入れていた。二〇一三年末時点で、同社の借入総額はドル換算で約七二九億ドル、そのうち90％弱は外貨建てだった上、タイミングの悪いことに制裁直後の二〇一四年および二〇一五年に、外貨建て借入の返済はピークを迎えようとしていた。

ロスネフチは制裁前、返済期限の来る外貨建て借入を借り換えることで、返済を実質先延ばしにしようとした。しかしそれが出来なくなった上、ルーブルから外貨に換えて返済するにも、ルーブル安により返済必要額が増加した。例えば百ドルの債務をルーブルからドルに換えて返済する際、二〇一四年であれば三八六〇ルーブルあればよかったものが、二〇一五年には六一三二ルーブルと、約60％増加したのである。原油安による収入減少もあり、ロスネフチの財政状況は一時厳しい状況にあった。しかし、国内で債券発行などを通じて資金を調達し、何とか危機を乗り切った。

このような厳しい状況下であったにも拘らず、二〇一四年八月、ロスネフチは戦略的協力協定に基づき、エクソンモービルとともに北極海の一部であるカラ海で試掘に着手した。ロスネフチによれば、カラ海の資源量（ある地域に理論的に存在する資源の量）は、サウジアラビアの資源量に匹敵するほど莫大とされている。翌九月、エクソンモービルは対露制裁により事実上撤退せざるを得なくなったが、セーチン氏はその直後に、カラ海上の掘削施設で実際に産出された原油を手にしつつ、巨大油田パベーダ（ロシア語で「勝利」の意）の発見を宣言した。

対露制裁により、図2に記載されたオイルメジャーとの共同事業対象鉱区のうち、パベーダ油田が発見された鉱区以外は、いずれも試掘すらされていない。パベーダ油田についても、エクソンモービルの撤退後、ロスネフチによる単独の開発などは行われていない。

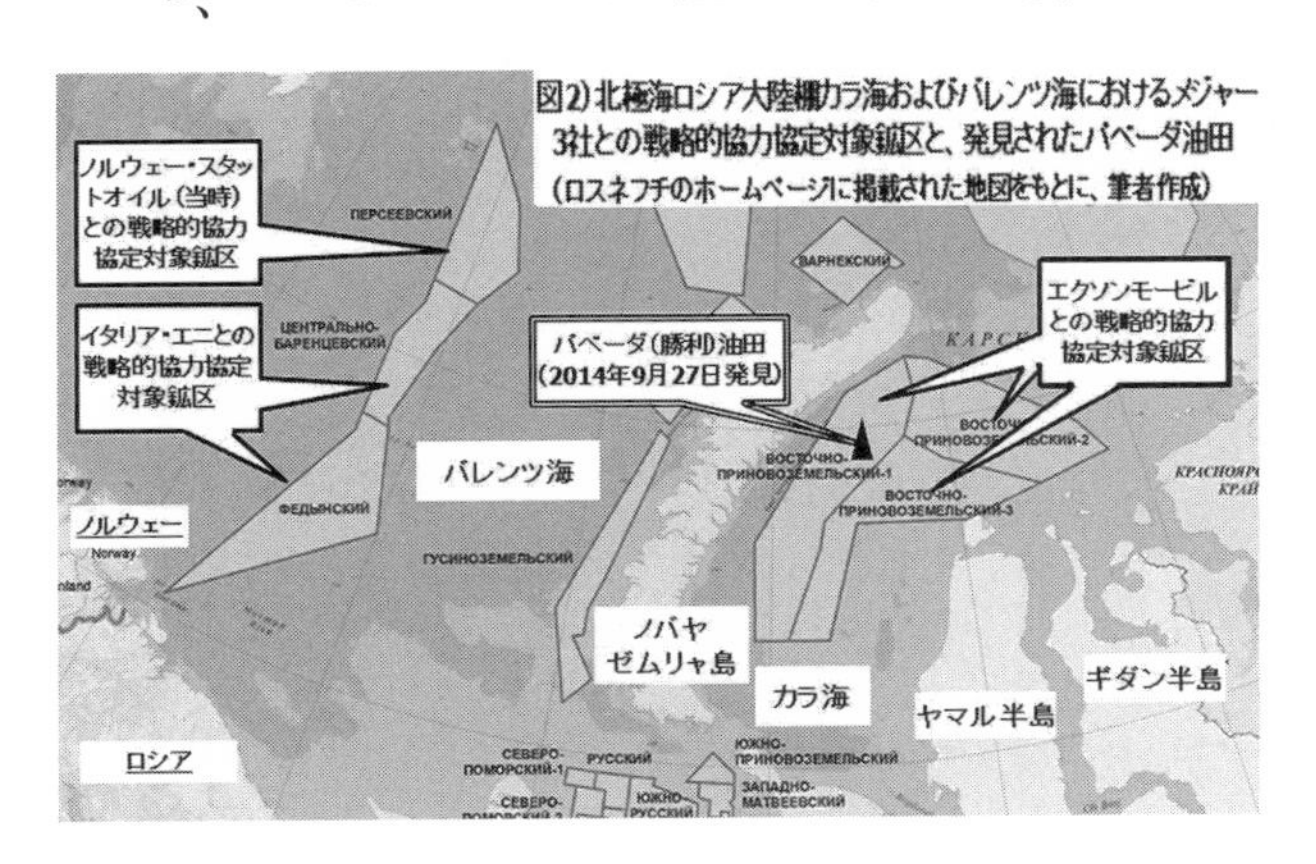

図2）北極海ロシア大陸棚カラ海およびバレンツ海におけるメジャー3社との戦略的協力協定対象鉱区と、発見されたパベーダ油田
（ロスネフチのホームページに掲載された地図をもとに、筆者作成）

ただし、エクソンモービルとロスネフチの関係が対露制裁によりすべて解消された訳ではない。両社は今も、ロシアの極東LNGプロジェクトや、モザンビークの探鉱プロジェクトを共同で推進するなど、緊密な関係を維持している。

二〇一四年の対露制裁および原油価格下落は、ロスネフチの今後の戦略全体へ深刻な影響を与えた。それまでのオイルメジャーとのロシア大陸棚およびシェール層開発に軸足を置いた戦略は見直しを迫られ、極東や北極圏・北極海航路といった地域開発、そしてアジア諸国を軸とする海外展開の強化が、ロスネフチにとって二つの新たなフロンティアとなる。

バシュネフチ買収とウリュカエフ経済発展大臣の逮捕（二〇一六年）

バシュネフチは、ロシア連邦を構成するボルガ・ウラル地域のバシコルトスタン共和国にある中堅の石油会社である。一八〇近い油田と三つの製油所を持ち、二〇一八年時点の石油生産量は日量約38万バレルと、ロシア全体の約3・4％弱に過ぎない。ソ連崩壊後、長らくバシコルトスタン共和国が保有していたが、二〇〇九年にロシアの新興財閥システマを経営するエフトゥシェンコ氏が買収し傘下に収めた。

ロスネフチの石油生産量および石油精製量の増加を模索していたセーチン氏は、新経営者の下で生産量の増加していたバシュネフチに目を付けたと言われる。

二〇一四年、エフトゥシェンコ氏はバシュネフチ株式を不当に取得したとして告訴され、三か月間自宅軟禁下に置かれるとともに、検察より「国益を保護するために」依頼を受けた裁判所は、システマによるバシュネフチ買収に法令違反があったとして、バシュネフチ株を差し押さえ、同社は「国営化」された。

二〇一六年、ロシア政府は有力公営企業の民営化や政府保有株式の売却により、財政赤字を補填するとともに、経済の国家依存度を下げることで国内産業の構造改革を行おうとした。バシュネフチやロスネフチも売却対象となり、バシュネフチについては発行済株式数の「50％＋1株」を公開入札で一括売却する予定だった。ところが入札は延期となり、同年十月にロシア政府は突然、バシュネフチ株式をロスネフチへ五五〇〇億円相当で売却したと発表し、関係者を驚かせた。国営企業が民営化を通じ他の国営企業を買収するのは、ロシアでは異例のことだったからだ。セーチン氏が入札直前に、「国営企業であるロスネフチも、バシュネフチの入札に参加資格を与えられるべきだ」と、政権に強い圧力をかけたという報道が広がった。

政府内では、「国営企業が民営化対象の国営企業を買収することはあり得ない」といった意見もあった。しかし同年九月にプーチン氏が、「ロスネフチは厳密にいえば国営企業ではない。英ＢＰが株主に名を連ねていることを忘れてはならない」と発言した。プーチン氏がロスネフチによる買収を容認したことで、セーチン氏の要求が実現したとの見方もある。

しかし、ロスネフチによるバシュネフチ株式買収劇には、更なる展開が待っていた。株式を購入した翌十一月十五日、ロシア連邦捜査委員会は、バシュネフチの株式が一括購入できるよう便宜を図り、対価として二百万ドルの賄賂をロスネフチに要求したとして、民営化を担当し、当初ロスネフチによるバシュネフチ株式買収に反対していた経済発展大臣のウリュカエフ氏をロスネフチ本社で逮捕したのだ。ソ連崩壊後、ロシアでは初めての現役閣僚の逮捕であり、大統領であるプーチン氏は「ウリュカエフ氏は信頼を失った」として、直ちにウリュカエフ氏を解任した。

ウリュカエフ氏は、セーチン氏に呼び出されてロスネフチ本社を訪問し、そこでセーチン氏から「超高級ワイン」の入ったカバンを受け取った際、あらかじめ現場に待機していた連邦保安庁（ＦＳＢ）の職員に拘束された。鞄を開けると、超高級ワインではなく二百万ドルの現金が入っていたと伝えられる。

この事件は、様々な憶測を呼んだ。閣僚といっても地味なウリュカエフ氏が、プーチン氏の側近であるセーチン氏に賄賂を要求できたのかとの見方には、筆者も同感である。一方で不可解だったのは、裁判所がセーチン氏に再三、証人として出廷を求めたにも拘らず、同氏が「多忙」を理由に応じなかったことである。ウリュカエフ氏に脅されて賄賂を渡したと法廷で直接証言する方が、自身の正当性を主張する上で最も効果的に思える。それをあえてしなかったことで、セーチン氏側にも疑惑が残る結果となった。

二〇一四年のエフトゥシェンコ氏告訴とバシュネフチ国有化、二〇一六年のロスネフチによるバシュネフチ買収とウリュカエフ大臣の逮捕には、いずれもセーチン氏が何らかの形で関与したとされ、その疑惑は払拭されていない。これらの一連の出来事もまた、ロスネフチの「影」の部分と言われても否定は難しいだろう。

なお、ウリュカエフ氏の公判時に証拠として提出された、同氏とセーチン氏の電話の盗聴記録には、日本政府がロスネフチ株式を取得するとの発言があり、注目された。当時日本国内でも、日本がロシアに提案した八項目の対露経済協力プランの一部として、独立行政法人「石油天然ガス・金属鉱物資源機構」（JOGMEC）がロスネフチの株式10％を最大一兆円で購入するとの報道はあった。盗聴された会話の中で、セーチン氏は「日本が領土問題と絡めて株式購入を提案してきたので拒否した」と述べている。

日本がロスネフチの株主になることはなかったが、二〇一八年にカタール政府が保有する政府系投資ファンド「カタール投資庁」が子会社を通じて、ロスネフチの株式18・93％を取得し、ロシア政府、BPに次ぐ第三位の株主となった。

カタールがロスネフチの大株主になった背景には、二〇一八年以降カタールが隣国サウジアラビアやアラブ首長国連邦（UAE）から経済封鎖を受け、孤立感が高まったことがある。ロシアがサウジアラビアのみならずイランやシリアなどとも友好関係を維持し、中東における存在感を強める中、カタールはロシアに接近し、一層の孤立を防ごうとしたと見られる。

（3）イーゴリ・セーチン――石油産業のドンの素顔

二〇〇〇年代に入ってからのロスネフチの発展と拡大は、セーチン氏を抜きにしては実現できなかった。ここで一度、セーチン氏がどのような人物なのか、詳しく振り返ることは、ロスネフチを理解するうえで決して無駄にはならないだろう。

プーチン氏の側近だけに、セーチン氏が発言すればロシアのメディアは必ず報じる。しかし、同氏が直接マスコミに接する機会は少なく、自身の考えや信条と言ったものを披露したインタビューは、筆者の知る限りほんの数件しかない。換言すれば、世の中に出回っているセーチン氏に関する情報の多くは、同氏について第三者が語った印象、あるいは憶測に過ぎない。手がかりは限られてしまうが、まずロスネフチに関与するまでの同氏の経歴を辿ってみよう。

セーチン氏はプーチン氏と同じレニングラード（現サンクトペテルブルク）で一九六〇年九月七日に、冶金工場に勤める両親のもとに生まれた。双子の妹がいて、少年時代に両親は離婚している。

普通教育学校でフランス語を学んだ後、一九七七年にレニングラード国立大学文学部に入学してポルトガル語を専攻した。在学中の一九八二年から二年間、当時ソ連が内戦に関与していたモザンビークにポルトガル語通訳として派遣されている。

報道では、セーチン氏をシロビキ、つまり治安・国防関係省庁の出身者とみなし、旧ソ連国家保安委員会（KGB）あるいは今日の連邦保安庁（FSB）に所属していたと紹介することもあるが、筆者が複数のロシア関係者に確認した限り、「所属した」という事実はない。

一九八四年にセーチン氏は大学を卒業し、ポルトガル語とフランス語の教員免許を取得後、軍役に就き、一九八五年から約四年間を内戦下のアンゴラで過ごした。一九八八年に帰国してレニングラード人民代議員会議執行委員会（ソ連時代末期、主に市役所の機能を担った）の対外関係局に勤務したが、プーチン氏と知り合ったのもこの頃と考えられる。

一九九一年、サンクトペテルブルク市役所の対外経済関係委員会議長だったプーチン氏は、セーチン氏を自分の部下として引き入れた。その後一九九六年まで、セーチン氏は市役所において様々なポストを歴任し、プーチン氏の信頼を勝ち得ていった。当時市役所には、同僚としてメドヴェージェフ氏（元大統領・前首相）やミレル氏（現ガスプロムCEO）もいた。セーチン氏はメドヴェージェフ氏と不仲と言われるが、ミレル氏も含め、この時の部下たちは、今日に至るまでプーチン政権を支える主要なメンバーとなる。

永遠の上司と部下：プーチン氏とセーチン氏
2019年4月1日、クレムリンにて
（出典：ロシア大統領府ホームページ）

一九九六年にモスクワへ異動し大統領府で勤務を始めたプーチン氏は、セーチン氏をモスクワに呼び寄せ、再び自分の部下とした。大統領府は大統領直属の国家行政機関で、大統領の職務の補佐や大統領の決定事項の執行状況の管理といった業務を担当する。

一九九九年十二月三一日、大統領代行に就任したプーチン氏は同日、セーチン氏を大統領府副長官（情報・文書業務担当）に任命した。セーチン氏は大統領の参加する主要な会議や会談に同席するのみならず、大統領の日程を管理することで、政府内における自身の影響力を拡大した。この時期に、連邦保安庁から強い信頼を得たとの見方もある。大統領府勤務で人脈と政治的影響力を確保したセーチン氏はその後、政権内での自身の権力基盤を固めていく。二〇〇四年～二〇〇八年にかけては、大統領府副長官のまま大統領補佐官を兼務している。

セーチン氏の経歴で最大の特徴は、プーチン氏との三十年近い個人的関係であり、常にプーチン氏がセーチン氏を引き立ててきたことである。これは紛れもない事実であり、プーチン氏がセーチン氏を評価し、大きな信頼を寄せていることの表れであろう。過去数年間にわたり、二人の関係が以前に比べ疎遠になっているとの見方や、セーチン氏が高額な年俸を得ている、豪華なヨットを保有している、モスクワ郊外に数百億円相当の邸宅を建設しているといった報道も、少なからず流れた。しかし、本書執筆時点でプーチン氏はセーチン氏を更迭せず、引き続きロスネフチのCEOという重責を任せている。

三十年近く自分を引き立て、重要ポストを任せてくれたプーチン氏に対し、セーチン氏が忠実であり続けてきたことは想像に難くない。もちろん、セーチン氏に能力があったからこそプーチン氏は信頼してきたと思うが、様々な記事がセーチン氏の最大の特徴としてプーチン氏への強い忠誠心を挙げていることに違和感はない。

プーチン氏がセーチン氏と同じく、サンクトペテルブルクからモスクワに連れて来て引き立てたメドヴェージェフ氏やミレル氏に比べても、セーチン氏の忠誠心は一段強いと思う。

しかしまったくうがった見方をすれば、プーチン氏は本心では力をつけて来たセーチン氏を辞めさせたいが、他の部下とのバランスを取るために、敢えてそのままにしているという可能性もある。二〇二四年のプーチン氏の大統領任期満了を前に、プーチン氏に近い政治家や閣僚、オリガルヒの間で、早くも「プーチン後」をにらんでの権力闘争が始まったとの意見も聞かれる。プーチン氏の古参の部下であるセーチン氏およびミレル氏が、主要産業である石油・天然ガス産業のトップを押さえているのは、プーチン氏の取り巻き達の内紛を可能な限り抑え込むための布陣かも知れない。

経営者としてセーチン氏を見た場合、ロスネフチを世界のトップ石油会社に育て上げた功労者であることは間違いないが、目的実現のために手段を選ばなかったようにも見受けられる。ユコス解体とユガンスクネフチガス買収、バシュネフチ買収やウリュカエフ大臣逮捕がその例だが、先に述べたプーチン氏への忠誠心を考慮すると、マスコミによるセーチン氏に関する「プーチン氏の指示を遂行することだけが念頭にあり、そのために手段を選ばない人物」との評価も、あながち誤りではないと思う。強い忠誠心と与えられた目的のために手段を択ばないという姿勢から、セーチン氏は映画「スターウォーズ」に登場する「ダースベイダー」とのニックネームを与えられたのだろう。

「国営の方が民営よりも良いと思っている」、「市場がどのよう機能するかを理解しておらず、経済的思考が欠けている」という厳しい評価も、しばしば目にする。確かに三つの買収を通じロスネフチという国営企業が巨大化している以上、そのトップであるセーチン氏が国家による経済の管理を目指していると言われても、否定はしづらい。

なお、あるインタビューでセーチン氏は、「民間企業の方が効率的という意見には同意しない。我々に競争力があることは明らかである」といった趣旨の発言をしている。ロスネフチは国営企業といえども民間企業と同じくらい効率よく機能しているので、民間企業に対し競争力がある、つまり会社の形態より、実際の働きぶりとそれによる成果を重視するというスタンスのように見受けられる。

セーチン氏はサンクトペテルブルクにいた頃から、猛烈に働く人物だったと言われる。プーチン氏の執務室の前に机を置き、日程や連絡先の管理から面談のメモ取りまで、すべ

郵便はがき

切手を貼って下さい。

232-0063

横浜市南区中里1—9—31—3B

群像社　読者係　行

*お買い上げいただき誠にありがとうございます。今後の出版の参考にさせていただきますので、裏面の愛読者カードにご記入のうえ小社宛お送り下さい。お送りいただいた方にはロシア文化通信「群」の見本紙をお送りします。またご希望の本を購入申込書にご記入していただければ小社より直接お送りいたします。代金と送料（一冊240円から最大660円）は商品到着後に同封の振替用紙で郵便局からお振り込み下さい。
ホームページでも刊行案内を掲載しています。http://gunzosha.com
購入の申込みも簡単にできますのでご利用ください。

群像社　読者カード

●本書の書名（ロシア文化通信「群」の場合は号数）

●本書を何で（どこで）お知りになりましたか。

1 書店　2 新聞の読書欄　3 雑誌の読書欄　4 インターネット
5 人にすすめられて　6 小社の広告・ホームページ　7 その他

●この本（号）についてのご感想、今後のご希望（小社への連絡事項）

小社の通信、ホームページ等でご紹介させていただく場合がありますのでいずれかに◯をつけてください。（掲載時には匿名に する・しない）

お名前（ふりがな）

ご住所
（郵便番号）

電話番号
（Eメール）

購入申込書

書　名	部数

て一人でこなしていた。モスクワの大統領府に移ってからも、プーチン氏の日程管理のみならず、大統領の指示文書の起案まで自分で行っていたと言う。ロスネフチのトップに就いてからも、三時間睡眠をいとわず、朝六時から自身の通うスポーツクラブで会議を主催したこともあったようだ。常にトップとして組織を主導し、自ら海外を飛び回って積極的なトップセールスを展開する。ひょっとすると、人に任せるのが苦手なのかも知れないが、この猛烈かつ行動力のあるトップの部下達は常に振り回され、ヘトヘトになっているとの記事を目にしたことがある。

筆者はこれまで数回、国際会議の場などで、片言のロシア語を駆使してセーチン氏と短時間だが言葉を交わしたことがある。「何かを創造する人物と描写するのは難しい。何かを邪魔する人物というなら、容易に理解できる」と言った厳しい人物評価も読んでいたので、当初はつい身構えてしまった。

思ったほど上背はないが、がっしりとした体つきには、実直な印象を得た。そして、報道で言われるような「相手を射抜くような」悪意のある視線ではなく、権力者に特有の迫力のような力強さ——凄みと言ってもよい——をはっきりと感じた。ほんの二十年前、ロシアで七番目の規模の中堅石油会社に過ぎなかったロスネフチを、時には手段を択ばなかったのかも知れないが、幾多の修羅場を乗り切りつつ、たった十数年で世界有数の石油会社に成長させた経営者の「オーラ」は、今も筆者の心に鮮明に残っている。

2　ロシア、ロスネフチと石油・天然ガス

(1) ロシアの石油・天然ガス

世界有数の埋蔵量——天然ガスは世界最大

世界最大の国土を持つロシアには、膨大な石油および天然ガスが眠っている。ＢＰ統計によれば、二〇一八年時点の確認埋蔵量（その時点での技術的経済的条件のもとで、確実に生産可能と推定される資源の埋蔵量）は、石油が世界第六位の１０６２億バレルで世界全体の６・１％、天然ガスは世界第一位の38・９兆立方メートルで世界全体の19・８％である

（グラフ6参照）。二〇一八年時点の水準で生産を続けた場合、今後何年間生産可能かを示す「可採年数」は、石油が約二五年、天然ガスは約五八年である。

二〇一八年の日本の石油消費量は日量385・4万バレル、天然ガスは年間1157億立方メートルである。ロシアの石油・天然ガス確認埋蔵量が日本の消費量の何年分に当たるかを試算すると、石油について約七六年分、天然ガスは実に三三七年分に相当する。隣国ロシアにいかに膨大なエネルギー資源が存在しているかが分かる。

では、ロシアのどこに石油や天然ガスが埋蔵されているのか。ロスネフチおよびガスプロムが二〇一九年に発表した、二〇一八年末時点の地域別埋蔵量データ（ロスネフチは確認埋蔵量であるのに対し、ガスプロムは確認埋蔵量に比べ生産できる可能性がやや低い推定埋蔵量なども含む）によれば、両社

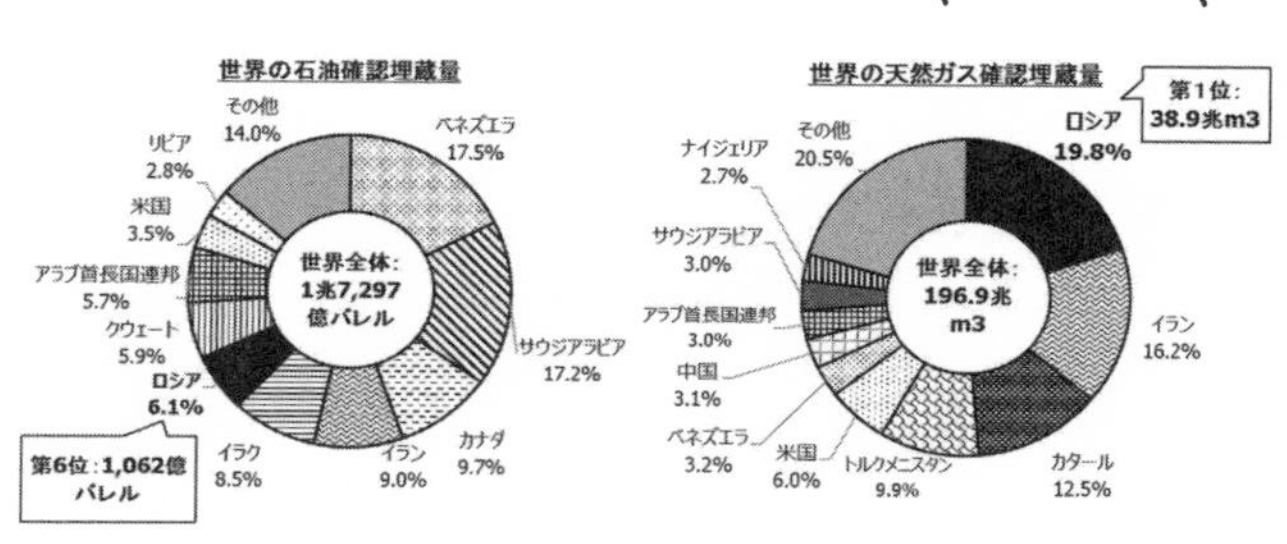

グラフ6）世界の石油および天然ガス確認埋蔵量（国別シェア）
（2018年・上位10位）

とも西シベリア（両社の定義は異なる）に最も多くの埋蔵量を有している。

西シベリアは、ロシアのやや西側に位置し、西はウラル山脈から東はエニセイ川、北は北極海、南はカザフスタンとの国境に至る広大な地域で（図3参照）、その南西に位置するボルガ・ウラル地域とともに、ソ連時代から石油生産の中心である。両社の石油天然ガス埋蔵量のうちこの地域が占める割合は、ロスネフチが石油で71・7％、天然ガスで87％、ガスプロムもそれぞれ61・2％および56・1％と、高くなっている。

しかし、西シベリアではソ連時代から六十年近く石油や天然ガスを生産しているため、これ

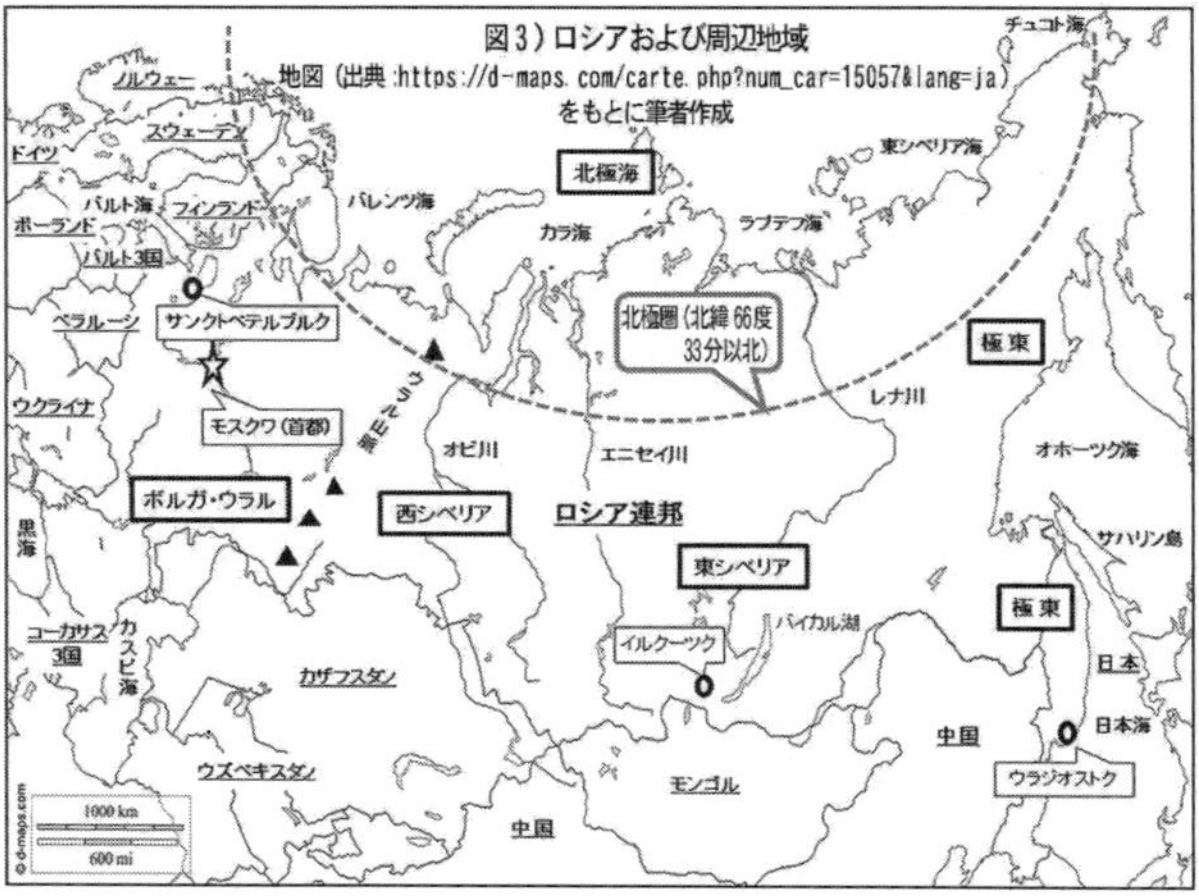

図3）ロシアおよび周辺地域
地図（出典 :https://d-maps.com/carte.php?num_car=15057&lang=ja）
をもとに筆者作成

までロシアの石油や天然ガス生産の多くを担ってきた主力油田や天然ガス田の一部では、生産量が既にピークを越え、減退が始まっている。

西シベリアの既存油田・天然ガス田の生産減退分を補うことに加えて、石油・天然ガス開発を通じた地域開発を促進しようと、二〇〇〇年代に入りロシア政府が期待したのが、北極海およびオホーツク海のロシア大陸棚、北極圏および東シベリアであった。

しかし、両地域ともロシアの他地域に比べ、石油や天然ガスの開発・生産は難しい。気温が低いなど気候が厳しい上、ロシア大陸棚については一年のうちかなりの期間を厚い海氷に覆われる。加えて、生産した石油や天然ガスを輸送するパイプラインなどのインフラが存在する西シベリアやボルガ・ウラルに比べ、北極圏やロシア大陸棚、東シベリアには輸送インフラがほとんど存在しなかったためである。

これに対し、ロシア政府は東シベリア産原油を太平洋岸に向けて輸送すべく、二〇〇六年に東シベリア・太平洋パイプライン（ＥＳＰＯ）を着工。日本海岸・ナホトカ港近くのコジミノ積出ターミナルまでの全長約四七四〇キロメートル（中国向けの支線を除く）を、二〇一二年末に完成・稼働させた。

ロスネフチは、ロシア大陸棚開発について、北極圏などでの石油・天然ガス開発に必要な技術や経験を有する欧米のエネルギー企業との共同開発を目指したが、二〇一四年の対露制裁発動により、特にロシア大陸棚での共同開発は事実上困難になってしまった。しかしロシア政府は引き続き法・税制面の優遇などを通じて、国内企業による両地域の開発を促進し、石油・天然ガス埋蔵量の新たな発見を狙っている。

生産・消費・輸出

次に、ロシアの石油・天然ガスの生産量と消費量を見てみたい。まず石油であるが、二〇一八年の生産量は日量114３・8万バレルで、米国、サウジアラビアに次ぐ世界第三位、シェアは12・1％である。同年の日本の石油消費量（日量385・4万バレル）の、ほぼ三倍にあたる。一方、消費量は日

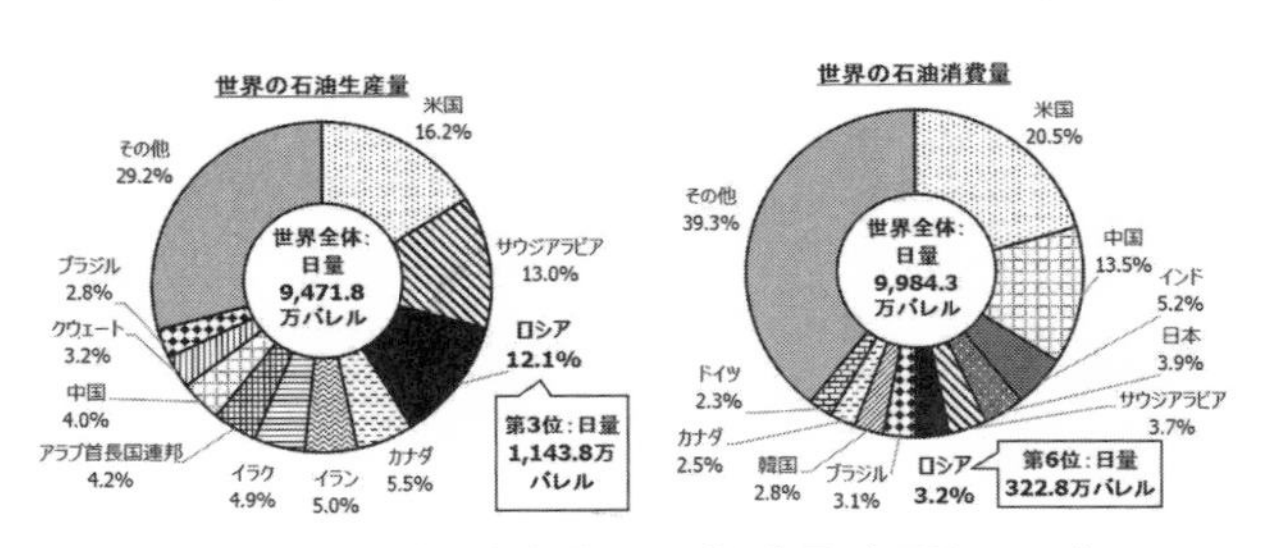

グラフ7）世界の石油の生産量および消費量（国別シェア）
（2018年・上位10位）

量322・8万バレルで世界第六位、シェアは3・2%であり、日本の消費量より少ない（グラフ7参照）。主要生産地域は、西シベリアおよびボルガ・ウラルである。

一九九〇年代は経済の混乱やそれによる油田維持管理能力低下などにより、生産量および消費量いずれも低下した（グラフ8参照）。しかし生産量は二〇〇〇年以降、原油価格上昇に加え、既存油田における設備更新や新たな掘削法導入による生産性向上が進んだこともあり増加に転じ、二〇一〇年時点で一九九〇年の水準を回復した。

これに対し消費量は、一九九〇年代から発電向け燃料の天然ガスへの転換が進んだことなどを背景に

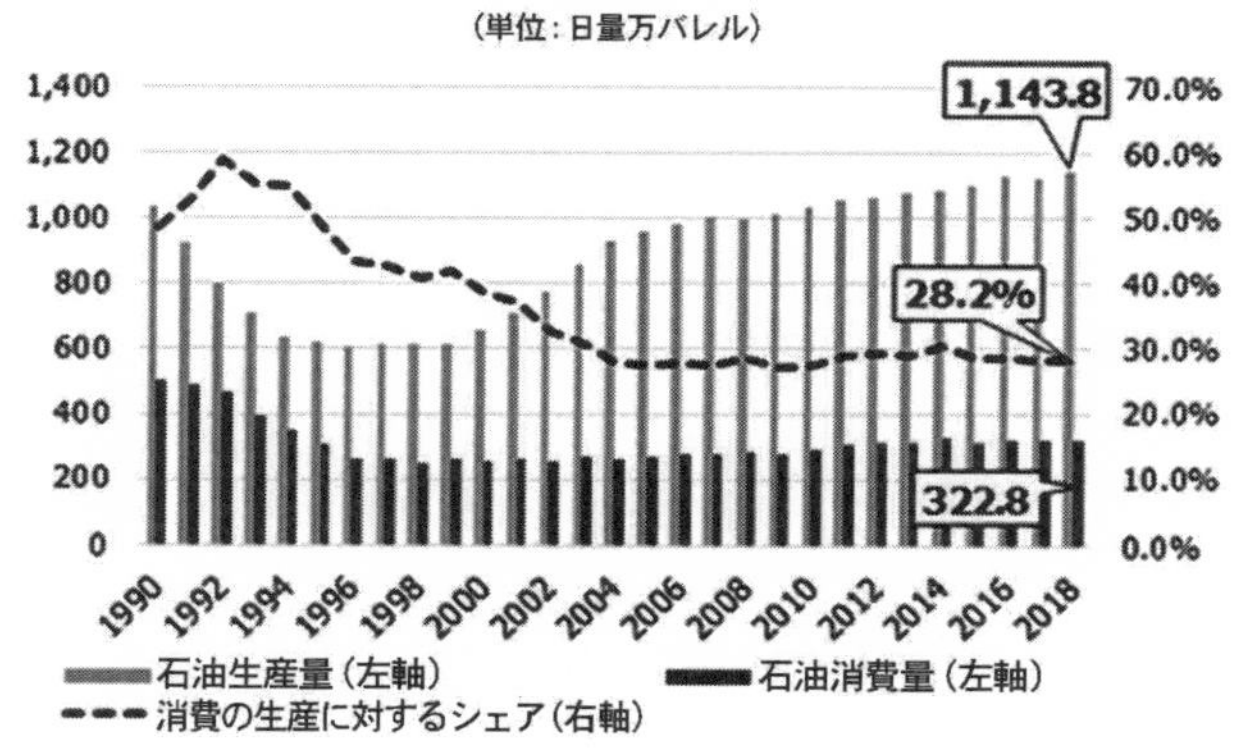

緩やかな伸びに止まり、二〇一八年時点で消費量の生産量に対するシェアは28・2%と、二〇〇四年以降ほぼ横ばいとなっている。見方を変えれば過去十五年間にわたり、ロシアの石油は全生産量の70%程度が輸出可能な、大きな輸出余力を維持している。

続いて天然ガスの生産量と消費量を見てみたい。二〇一八年の年間生産量は６６９４・８億立方メートルで米国に次ぐ世界第二位、シェアは17・3%である。また消費量も同４５４５億立方メートルと大きく、生産量と同じ米国に次ぐ世界第二位、シェアは11・8%である（グラフ９参照）。同年の日本の天然ガス消費量（１１５７・1億立方メートル）と比較すると、生産量は六倍弱、消費量は四倍弱にあたる。主要生産地域は、西シベリアである。

一九九〇年から二〇一八年にかけてのロシアの天然ガ

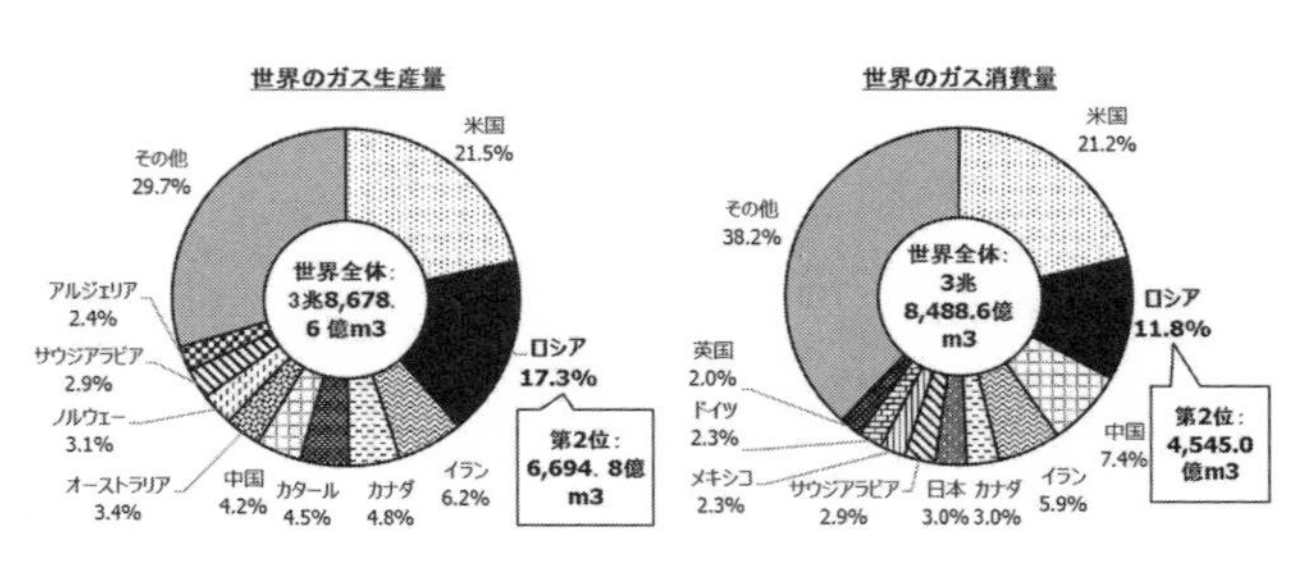

グラフ9）世界の天然ガスの生産量および消費量（国別シェア）
（2018年・上位10位）

スは石油と比べ生産・消費いずれもあまり低下しておらず、消費量の生産量に対するシェアは70％程度と高い（グラフ10参照）。一九九〇年と比較した場合、石油は生産も消費も九〇年代に四～五割低下した時期もあったが、天然ガスの生産や消費の下げ幅は、最大10数％に止まっている。

石油に比べ、天然ガスの生産・消費が下がらなかった主な背景のひとつは、一九九〇年代の発電用燃料の天然ガスへの切替えが進んだことが主な要因と考えられる。二〇一八年時点で、ロシアの発電燃料の実に半分近く（46・9％）は天然ガスである。電力供給は石油以上に公益性が高いことから、一九九〇年代の経済混乱期も、供給安定に向けてその燃料となる天然ガス生産の維持が優先された可能性もある。

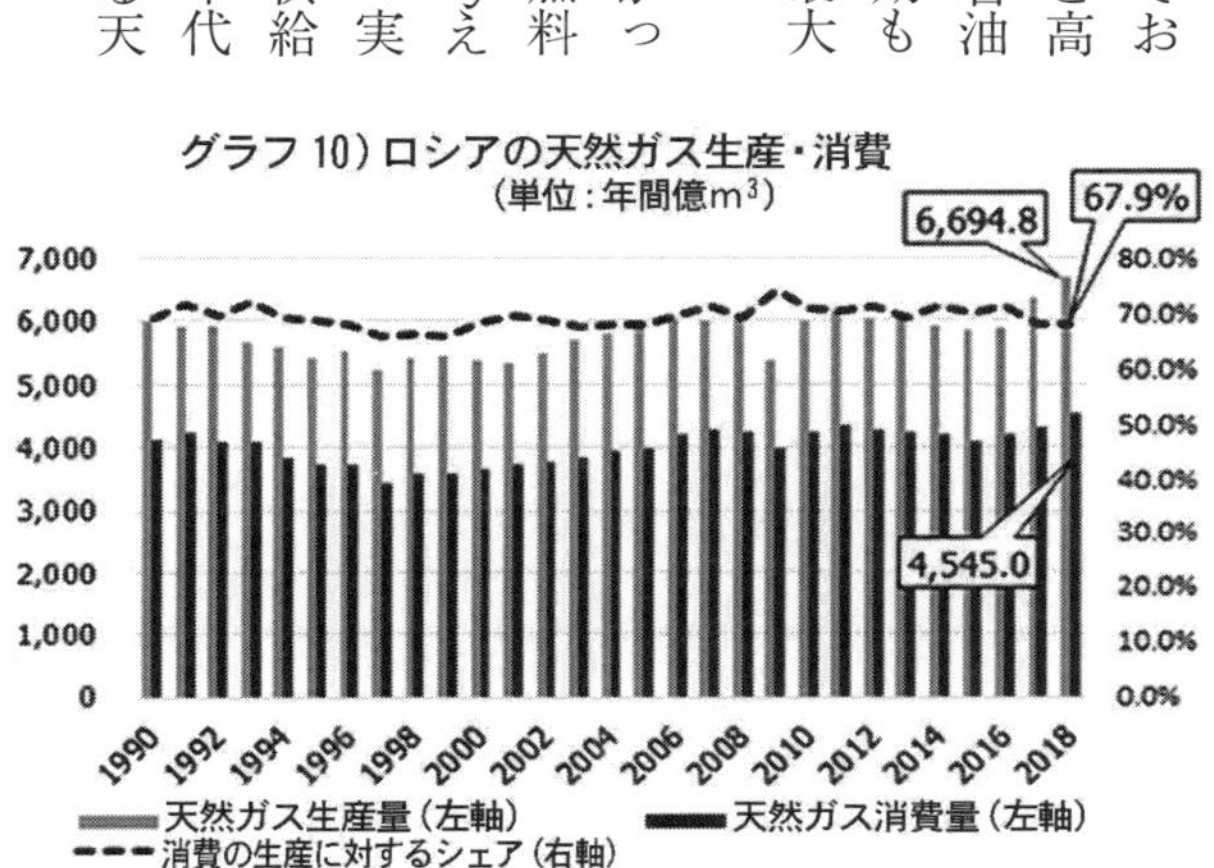

世界三位の石油生産、世界二位の天然ガス生産を主に担っているのが、グラフ11にある企業である。ロスネフチはロシア第一位の石油生産量、天然ガスでも第三位の生産量を誇る。上位三社だけで石油の66・8%、天然ガスの実に87%を生産しているが、天然ガスについてはガスプロム一社だけで石油の上位三社分以上のシェアを持っていることが特徴的である。本書執筆時点で、ロシアで五五〇以上の企業が石油・天然ガスの生産に従事している。

続いて石油・天然ガスの輸出量を見てみよう。グラフ12は石油の主要輸出先である。国別では中国がトップにあり、輸出量全体の四分の一を占める一方、地域別では欧州がトップで、輸出全体の半分超を占めている。

ロスネフチは自らの成長の軸足を、気候変動対策や再

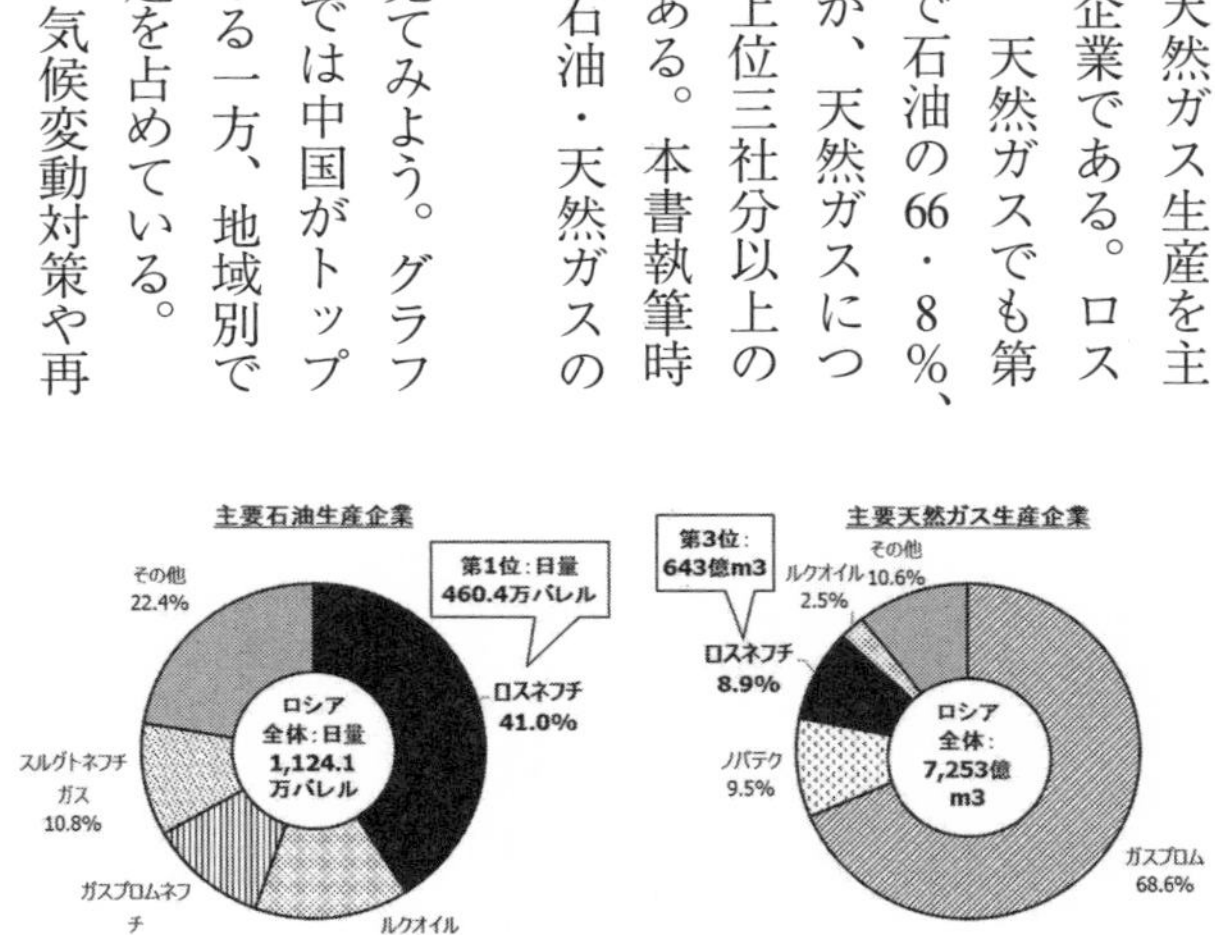

グラフ11）ロシアの主要石油および天然ガス生産企業
（企業別シェア／2018年・上位10位）
＊諸資料を元に筆者作成。引用元のデータの都合により全体の生産量がグラフ7および9（いずれもBP統計のデータ）と異なっている。

生可能エネルギーの普及で石油の需要が低下しつつある欧州から、経済成長に伴う石油・天然ガスの需要拡大が見込まれるアジアにシフトさせつつある。アジアを含む環太平洋地域は、今後ロシアにとってさらに重要性が高まるだろう。

グラフ13は、天然ガスの主要輸出先である。ロシアの天然ガス輸出手段は、パイプライン及びＬＮＧの二通りがある。パイプラインは主に欧州やＣＩＳ諸国に向かう陸上、および欧州とトルコに向かう海底の二種類からなる。ＬＮＧは専用タンカーで、主にアジアや欧州へ輸出されている。

ロシア全体の輸出量は総生産量の約三分の一にあたり、このうち約九割がパイプラインで、残る一割がＬＮＧで輸出されている。パイプライン経由の上位輸出

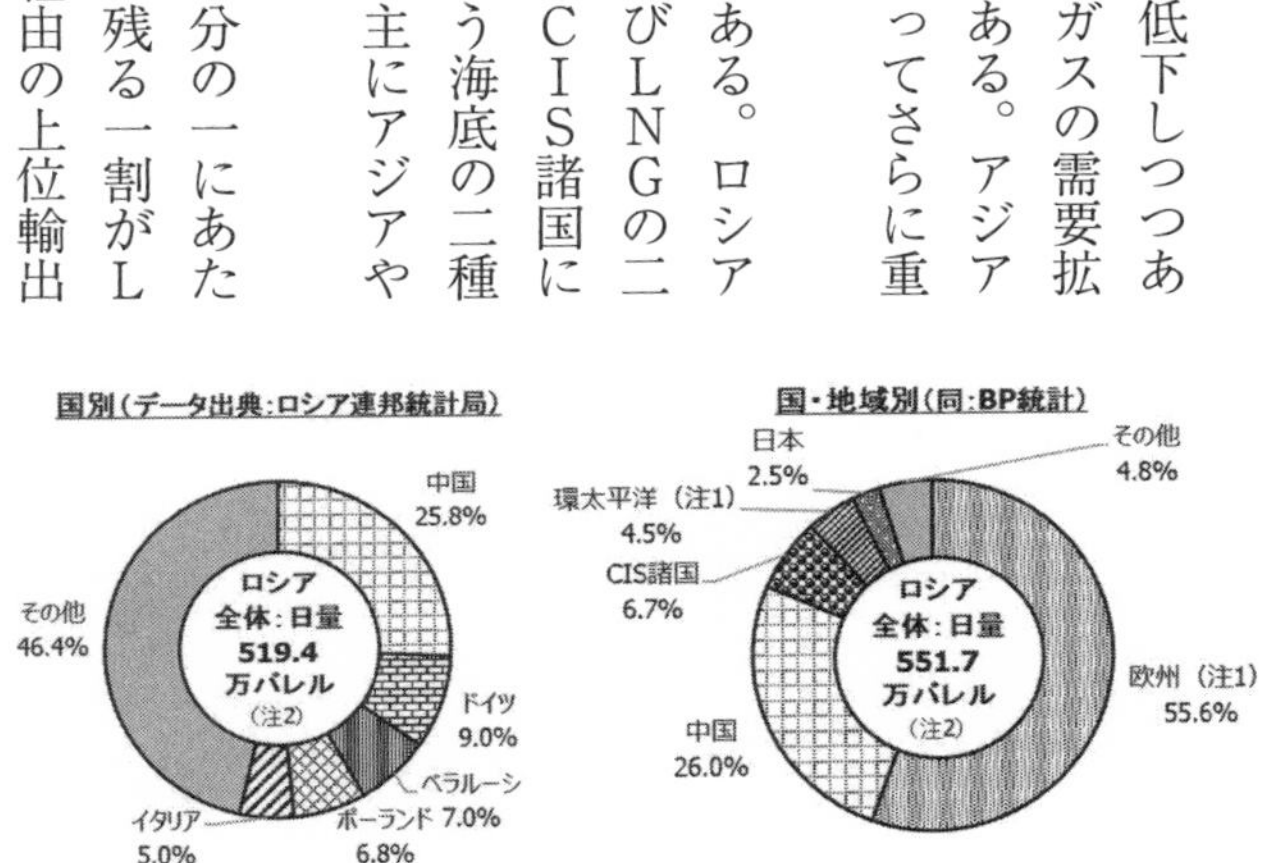

グラフ12）ロシアの主要石油輸出先（シェア）（2018年・上位10位）
＊注1　欧州はEU域外国も含む。また環太平洋はアジアおよびオセアニア諸国から日本、中国、インド、シンガポール、オーストラリアを除いたもの。
＊注2　国別と国・地域別でデータ出典が異なるため、全体の数が異なっている。

グラフ13）
ロシアの主要天然ガス輸出先：合計および輸出手段別シェア
（2018年・上位5位）

合計
（データ出典：ロシア連邦統計局）

ドイツ 23.6%
トルコ 9.7%
イタリア 9.2%
ベラルーシ 8.2%
英国 5.8%
その他 43.5%
ロシア全体：2,475億m3

うちパイプライン経由
（同：BP統計）

ドイツ 24.8%
イタリア 11.4%
トルコ 10.2%
ベラルーシ 8.5%
フランス 4.0%
その他 41.1%
ロシア全体：2,230億m3

うちLNG
（同：BP統計）

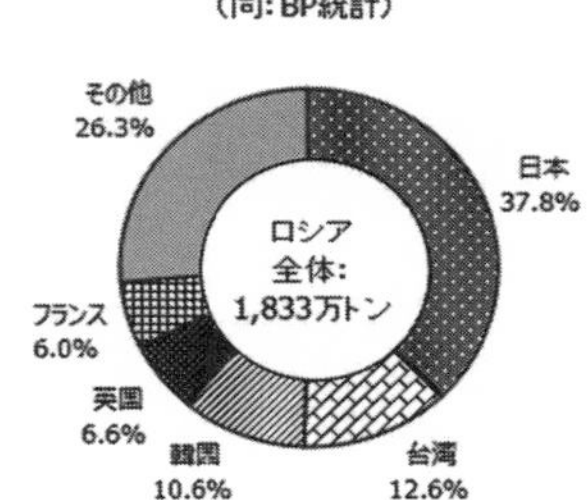

先五ヶ国のうち四ヶ国は西欧諸国で、パイプライン経由輸出量全体の約50%を占める。日本はロシア産ＬＮＧの最大の輸入国であり、二〇一八年の輸入分のほとんどは、日本のすぐ北に位置するサハリン島にあるＬＮＧプロジェクト「サハリン２」からのものである。

最近の政策と政策担当機関

ロシアには優遇税制も含め石油・天然ガス開発・生産に関する様々な政策や法・税制度

が存在する。最近注目されているのが、「エネルギー安全保障ドクトリン」、「北極圏および北極海航路開発」、「石油価格維持を目指した石油輸出国機構（ＯＰＥＣ）との協調減産」である。

二〇一九年五月に大統領であるプーチン氏が承認した「エネルギー安全保障ドクトリン」は、二〇三〇年までのロシアのエネルギー安全保障戦略を規定したものである。エネルギー安全保障戦略に影響を与える要因として、世界の経済成長軸のアジア太平洋地域へのシフト、世界的なエネルギー需要の伸びの鈍化や非化石燃料への代替、エネルギーの輸出国間での競争激化、国際的な規制導入などによるエネルギー産業への影響を挙げている。そしてそれらの要因の一部が、世界のエネルギー市場におけるＬＮＧ需要を増加させるとして、ロシアのＬＮＧ増産を求めている。

「北極圏および北極海航路開発」は、二〇〇〇年代に入りロシア政府が重視している政策である。ロスネフチは北極圏陸上やロシア大陸棚での石油や天然ガス開発のみならず、極東での造船業への参画を通じ、北極圏や北極海航路開発に深く関与している。その徹底した関与の度合いは、ガスプロムをはじめとする他の国営企業や民間企業には見られないものである。

「原油価格維持を目指した石油輸出国機構（OPEC）との協調減産」は、世界のエネルギー供給におけるロシアの存在感を改めて示すものとなった。協調減産とは、サウジアラビアを筆頭とするOPEC加盟国とロシアを含むOPEC非加盟の産油国（計二四ヶ国、以下OPECプラス）が、原油市場の需給改善を狙って、各国の原油生産量に上限を設定し、生産量を基本的に削減することである。サウジアラビアとロシアの二大産油国が主導し、二〇一七年一月に開始された。

しかし二〇二〇年三月、協調減産量の拡大を通じて原油価格下落に歯止めをかけたいサウジアラビアと、減産量拡大を望まないロシアが対立し、協調減産は同月末で終了することになった。協調減産により石油の販売シェアが低下したことを不満に思っていたセーチン氏が、協調減産量拡大に反対したことが、今回の対立の引き金になったとの見方もある。

ロシア政府内で、石油や天然ガス産業に関係している主な省庁はエネルギー省、天然資源・環境省および財務省である。エネルギー省はエネルギー全般の政策立案と実施、天然資源・環境省は地下資源関連免許の発給や地下資源政策全般、財務省は関連税制などを担当する。これらの省庁は日本を含む他国の同じ様な組織と異なり、ロスネフチを含むロシアのエネルギー産業を直接管理・監督しておらず、政策や税制などを通じ、間接的に影響を与えているに過ぎない。

しかしながら、税制がロシアの石油・天然ガス開発・生産に与える影響は、決して無視できない。二〇一二年に、ロシア政府は東シベリアやロシア大陸棚など、特定の地域に優遇税制を導入する形で、エネルギー企業に特定地域の開発促進インセンティブを与えた。

ロシア政府にとって、石油・天然ガス関連税収は死活的に重要である。近年は国家歳入の実に四～五割を占め、二〇一八年の税収額は約九兆ルーブル（約一六兆円）と、国家歳入の46・6％に達している。ロシアの国家財政の大黒柱であることは、疑いの余地がない。ただし、輸出関税や地下資源抽出税などの主な石油・天然ガス関連税の算出式に原油価格が組み込まれていることから、関連税収は原油価格の影響を受ける。

なお、前述の省庁の上位に位置する機関として、大統領が主宰する「燃料・エネルギーコンプレックス委員会」、およびエネルギー担当副首相が主宰する「燃料・エネルギーコンプレックスおよびエネルギー効率改善委員会」が存在する。両委員会の役割分担は明確になっていないが、主宰者から見て、前者が政策決定機関、後者が政策遂行機関となっているとの見方もある。セーチン氏は大統領が主宰する委員会の事務局長と、副首相が主宰する委員会の委員の双方を務めることで、ロシア政府の石油・天然ガス関連政策に直接関与し、影響を与えている可能性は大きい。

(2) ロスネフチの主力事業――巨大な生産量と精製事業規模

西シベリアに集中する埋蔵量

まず、ロスネフチが石油や天然ガスをどこにどの程度持っているのか、同社の主要事業を示す図4を見ながら確かめておきたい。表1(9頁)にあるように、二〇一八年末時点の同社の石油および天然ガスの確認埋蔵量は、天然ガスを石油に換算して合算すると414・3億石油換算バレルで、前年比3・8%の増加となった。

二〇一八年の確認埋蔵量増加分は、主に西シベリアおよび東シベリアで発見されたもので、同年の生産量の約一・七倍にあたり、ロスネフチは生産量以上の石油・天然ガスを発見し、追加の埋蔵量として確保できたことになる。

石油や天然ガスを生産する企業は、生産すればその分、手持ちの埋蔵量が減少する。企業として存続するためには、生産と並行して新しい石油・天然ガス田を見つける、あるいは他の石油・天然ガス生産企業を買収しその企業の持っている埋蔵量を自らの埋蔵量に追加するといった形で、埋蔵量を常に増やしていかなければならない。これはロスネフチに限らず、石油・天然ガス生産企業の宿命である。

二〇一八年の埋蔵量を地域別に見ると、石油については西シベリア（埋蔵量合計の70・9％）、ボルガ・ウラル（同16・4％）、東シベリア（同9・1％）と、上位三地域で全体の96・4％を占める。天然ガスについては更に集中しており、西シベリアだけで実に85・7％、東シベリア（6・4％）、ボルガ・ウラル（2・9％）と、上位三地域で95％となる。

一方、国外およびロシアのオフショア（海上）における埋蔵量は極めて小さく、石油は国外が1・1％、オフショアが0・5％、天然ガスは国外が1・7％およびオフショアが1・4％に過ぎない。

ロシア最大の石油生産量・精製量

　ロスネフチは石油生産量においてロシア最大のみならず、世界有数の企業である。二〇一八年の石油生産量は国外生産分も含むと日量467・3万バレルで、国外生産分を除いた国内生産量は日量460・4万バレルと、ロシアの総生産量の41%を占める。生産量第二位のルクオイルの三倍近い量であり、ロシアの石油生産において圧倒的な存在感を持っている（前掲グラフ11参照）。

　国外と比較しても、同社の国内生産量は、石油生産量で世界第六位のイラク（日量461・4万バレル）にほぼ等しく、日本の消費量（日量385・4万バレル）の約一・二倍と、ロスネフチ一社で日本の消費量を賄って余りある規模である。

　なお、世界最大の石油生産企業はサウジアラビア国

図4)ロスネフチの主要事業
(諸資料にもとづき筆者作成)

営のサウジアラムコで、二〇一八年の生産量は日量１０３０万バレルだった。ロスネフチの石油生産量はサウジアラムコに次ぐ世界第二位である。また、世界最大の民間石油会社である米国のエクソンモービルは二〇一八年に日量226・6万バレルの石油を生産したが、ロスネフチの国内生産量はその約二倍に当たる。

二〇一八年のロスネフチの石油生産量を地域で見てみると、西シベリア（総生産量の58・6％）、ボルガ・ウラル（同20・2％）、東シベリア・極東（同17・1％）と、上位三地域で総生産量の実に95・9％を占める。ロスネフチの石油生産の基盤は、ロシア国内陸上であることが分かる。

ロスネフチ傘下で最大の生産量を有しているのは、西シベリアに生産基盤を有する100％子会社ユガンスクネフチガスである。二〇一八年の石油生産量は前年比５・５％増の日量142・４万バレル（同社総生産量の30・５％）で、ロスネフチ全体の生産量を対前年比で２・１％押し上げる原動力となった。第二位は東シベリア北西部バンコール油田を操業する、インドの国営企業数社が計49・９％の権益を有する共同事業体（以下コンソーシアム）（同９・３％）、第三位は西シベリアのサモトロール油田を操業する子会社（同８・４％）で、上位三社で石油総生産量の約48・2%を占める。

セーチン氏は二〇一九年六月にサンクトペテルブルクで開催された定例株主総会の席上、二〇一七年に同社取締役会が承認した「二〇二二年までの戦略」に基づき、既存油田の開発推進のみならず、西シベリアや東シベリアで新規の油田を開発すると述べた。それらを実現することで、総生産量に対する新規油田の生産量の割合を、二〇一八年の約8・7%から二〇二二年に20%へ引き上げるとしている。

油田で採取した原油は、その場で不純物などを取り除いてからそのまま輸出されるものもあれば、製油所に持ち込まれディーゼル油や重油、ガソリン、ナフサ（石油化学製品の原料）、ケロシン（灯油、ジェット燃料など）といった石油製品に精製・加工されるものもある。

ロスネフチの石油精製量はロシア最大である。ボルガ・ウラル、東シベリア南部および極東に計十三の製油所を有し、二〇一八年の精製量は1・03億トンと、ロシア全体の36%を占めた。第二位ルクオイルの二倍以上の量であり、製油所一ヶ所あたり年間約八百万トンの原油を精製したことになる。参考までに言えば、日本には二〇一九年三月末時点で二二ヶ所の製油所があり、二〇一九年三月期の製油所一ヶ所あたりの原油精製量は約七百万トンである。

国外でも、ドイツの三ヶ所を含む計五ヶ所の製油所に出資し、二〇一八年には出資シェアなどに基づき1170万トンの様々な製品を引き取って、地元市場などへ供給している。

ロスネフチは二〇一八年、ロシア国内で約2・1億トンの石油を生産したほか、国内の他の生産者から約1600万トンの石油を購入している。両者を合わせた約2・3億トンの石油のうち、約1億トン（44％相当）を精製のため国内製油所へ送り、約1・2億トン（54％相当）を輸出へ、残る540万トン（2％相当）を国内で販売した。

ロスネフチの輸出量は大きく、二〇一八年のロシア全体の輸出量の約半分（47・6％）を占める。最も多かったのが中国向けで輸出量全体の30・9％（日量76・4万バレル相当）、続いてバルト海沿岸の積出ターミナルからの輸出分が18・7％、中・東欧向けパイプライン経由輸出分が15・4％、日本海沿岸のコジミノ港に建設された石油積出ターミナル（ESPOパイプライン終点）からの輸出分が9・5％と続く。製油所で生産された製品については、六割程度が輸出、四割程度が国内消費に回され、後者については二〇一八年時点で国内に2963ヶ所ある傘下のガソリンスタンドも含む、様々なルートを通じて販売された。

なお、ロスネフチは二〇一八年、180万トン（日量3・6万バレル）の石油と110万トンの石油製品を日本に輸出した。

また、ロスネフチは二〇一九年九月以降、同社のベネズエラにおける事業が米国から制裁を受ける可能性を考慮し、石油や石油製品、石油化学製品などの新規輸出契約を、それまでのドル建てから基本的にユーロ建てに切り替えた。石油や天然ガス関連の取引はドル建てが主流だが、イランなど米国に制裁を科されている他の産油国も、今後ユーロなどの他通貨にシフトしていく可能性がある。

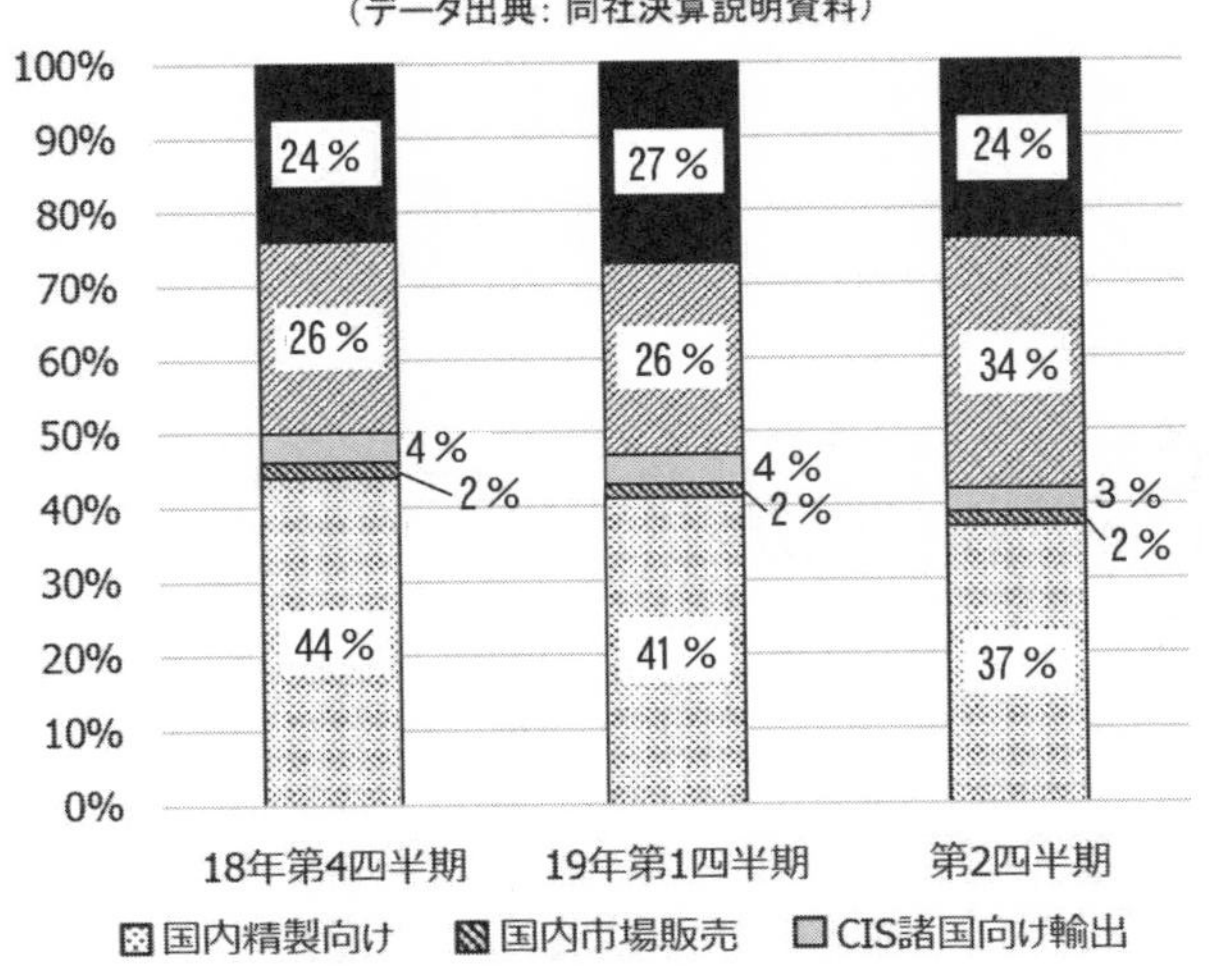

グラフ14は、ロスネフチの国内石油生産量および国内石油購入量の合計が、精製や輸出などへどの程度回ったかを、二〇一八年第4四半期から二〇一九年第2四半期まで表したものである。これを見ると、国内精製向けシェアが低下する一方、中国を含むアジア向けシェアが二〇一九年第2四半期に増加し、全体の三分の一超に達したことが分かる。

ロスネフチは今後、これまでの主要市場だった欧州に代わり、経済成長に伴う石油や石油製品の需要増加が期待されるアジアに輸出の軸足を移そうとしており、「二〇二二年までの戦略」にもアジアでの精製事業拡大などを明記している。

生産拡大を狙う天然ガス——現状は国内第三位

社名に「ネフチ」、即ち「石油」を含むロスネフチは主に石油生産や石油精製を手掛けて来た会社だが、二〇一〇年代に入り天然ガス生産にも力を入れている。ロシア最大のみならず単独企業として世界最大の生産量を誇るガスプロムが、二〇一八年でロシアの総生産量の約七割と圧倒的なシェアを占める中、ロスネフチの生産量は643億立方メートル、シェアは9％弱で国内第三位にある。これは、同年の日本の消費量（1157億立方メートル）

の約56％にあたる。

ロスネフチはベトナムやベネズエラ、エジプトおよびカナダでも29・6億立方メートルの天然ガスを生産しているので、ロスネフチ全体の二〇一八年の天然ガスの生産量は672・6億立方メートル（前年比1・7％減）となる。全生産量の95・6％を国内で、4・4％を国外で生産している。

天然ガスは、天然ガス田の井戸から気体のみの形で生産される「非随伴ガス」と、油田で石油の井戸から原油と同時に生産される「随伴ガス」の二種類が存在する。二〇一八年のロスネフチの天然ガス総生産量のうち、非随伴ガスは48・1％、随伴ガスは51・9％と、ほぼ半々になっている。

二〇一八年の生産量を地域別に見ると、西シベリアが最大の生産地で全体の約七割、474・5億立方メートルを生産した。次が東シベリアで82億立方メートル（全体の12・2％）、極東が37億立方メートル（同5・5％）、国外（主にエジプトのゾール海上天然ガス田の参加権益分）が29・6億立方メートル（同4・4％）となっている。海上での生産分は国外および国内の一部に過ぎず、石油同様、天然ガスもロシア国内の陸上が生産の主力である。

ロスネフチ傘下で最大の天然ガス生産者は、西シベリアにある100％子会社シブネフチガスで、二〇一八年の生産量は119・6億立方メートル、総生産量の17・8％を占めた。第二位は東シベリアのバンコール油田で72・5億立方メートル（総生産量の10・8％）、第三位は西シベリアの100％子会社ロスパン・インターナショナルで66・3億立方メートル（9・9％）となっており、上位三社で天然ガス総生産量の38・4％を占める。

「二〇二二年までの戦略」は、二〇二二年までに天然ガス生産量を千億立方メートル以上に増産すべく、ロスパン・インターナショナルなど主力子会社が推進する天然ガス生産プロジェクトの実現や、東シベリアおよび極東における天然ガスを原料とした化学品製造事業の実現を挙げている。

二〇〇〇年に入り増加しつつある中国やアジア太平洋地域の天然ガス需要などを背景に、ロスネフチは天然ガスの輸出にも関心を示している。以前、天然ガスの輸出については、パイプライン経由あるいはＬＮＧとも国営ガスプロムが独占していたが、ロシア政府などへ働き掛けた結果、ロスネフチは二〇一三年末、極東デカストリの「極東ＬＮＧ」を含む特定の条件を満たすプロジェクトについて、ＬＮＧを輸出する権利を得た。

3　新たなフロンティア――極東・北極圏開発とアジアシフト・国外展開

(1) 極東・北極圏開発と北極海航路――ロスネフチと地域開発

極東および北極圏とは

極東（本書ではロシアの極東地域を指す）は、サハリン島を含む、太平洋および北極海に囲まれた広大な地域である。ロシアの行政区画である極東連邦管区（図5参照。図4にあるロスネフチの地域区分とは異なる）の面積は約六九九万平方キロメートルでロシア全体の40・8％を占め、日本の一八倍の広さだが、人口は二〇二〇年初時点で約八一七万人と、ロシア全体の5・6％に過ぎない。人口減少が続いており、二〇五〇年には四〇〇万人を割るとの予測もある。

北極圏（本書ではロシア領土内を指す）は、北緯66度33分以北の地域で、北極海の一部であるバレンツ海、カラ海、ラプテフ海、東シベリア海およびチュコト海を含む。極東と異なり北極圏として行政区画を持たず、一部は極東と重なる。面積は約三〇〇万平方キロメートルでロシア全体の約18％、日本の約八倍の広さである。人口は極東との重複分を差し引くと約二三九万人で、ロシア全体の1・6％に過ぎない。

極東と北極圏の共通点は、①過酷な気象・海象条件（寒冷気候、海氷など）、②少ない人口、③一部を除き産業やインフラが未整備、および④豊富な天然資源である。

極東の中央部から北極圏にかけては、年平均気温が零下という場所が多い。北極海の海氷も冬場には二メートル近い厚さとなり、通常の船舶では航行が難しい。人口は前述の通りだが、過酷な気象条件もあり、極東の南部、油田・天然ガス田や鉱山などが

図5）極東と北極圏・北極海航路とロスネフチのプロジェクト
（諸資料に基づき筆者作成）

ある地域を除いて産業はほとんどなく、道路や鉄道、パイプラインといったインフラも未整備である。北極圏および極東何れも特に大陸棚に豊富な石油・天然ガス資源を有しているほか、極東では石炭や貴金属、北極圏ではニッケルや銅、コバルトなどの様々な金属を産出している。

ロシアにとって深刻なのは、極東における中国による経済圧力と人口圧力であろう。極東が接する中国の東北三省は、極東の約十三倍にあたる一億人超の人口を有している。国全体で見ても、二〇一八年時点でロシアは人口や経済力の面で、中国に大きく水をあけられている。ロシアは人口で中国の約十分の一、名目GDPは約八分の一に過ぎない。豊富な天然資源を有する一方で産業などの経済基盤が乏しい極東に関し、現地も中央政府も中国の人口および経済面の圧力を感じ、危機意識を抱いていると言われる。

北極海航路と中国の進出

ロシアの中国に対する危機感は、北極圏でも高まりつつある。地球温暖化の影響で、北極圏の平均気温は他地域に比べ二倍のペースで上昇することが予想されている。北極海の海氷は減少しつつあり、特に夏場の減少が深刻化している。

海氷の減少は、ロシア大陸棚における資源開発の可能性を高めるとともに、欧州とアジアを結ぶ新たな輸送路として北極海の価値も高めつつある。例えば横浜とオランダ・ロッテルダムを結ぶ場合、既存のインド洋・スエズ運河経由だと二万キロになるが、北極海航路経由では一・三万キロと約三分の二になる。またインド洋・スエズ運河経由だと東アフリカ沖など海賊リスクを持つ海域もあるが、北極海航路経由にそのような海域は存在しない。

ロシアは、ソ連時代から北極圏内にある豊富な鉱物資源の開発や北極海岸に建設された港湾都市維持のため、北極海航路の利用拡大に強い関心を示し、二〇一〇年代に入り北極海航路利用促進のための法制度整備を進めた。

しかし、二〇一〇年代には中国も、北極海航路や北極圏の資源に強い関心を示し始めた。二〇一二年に北極海沿岸国以外で初めて、北極海の中央海域を同国の砕氷船が航行し、二〇一八年には北極圏の政策をまとめた初の白書を公表。その中で北極海航路を、二〇一三年秋に習近平国家主席が提唱した広域経済圏構想「一帯一路」の一部である「氷上のシルクロード」と位置付け、北極圏での天然資源開発や航路開拓・利用に意欲を示した。

中国の積極的過ぎる北極政策にロシアで緊張が高まる中、二〇一八年以降、ロシア政府は北極圏の開発と北極海航路の振興に向けた施策を加速している。航路を商業的に維持するためには、輸送貨物量を増やすとともに、航路沿いの港湾整備が不可欠となる。同年九月には北極海航路の年間貨物輸送量を二〇二四年末までに、二〇一七年の約1073万トンから8000万トンへ一気に引き上げるべく、政府予算と民間資金を活用し関連港湾の整備などを進めると発表した。

更に二〇一九年二月には、極東発展省を「極東・北極圏発展省」に改編し、これまで担当省庁がなかった北極圏開発を直接担当させることにした。それまでにも、政府文書などで北極圏と極東を併記していることが多かったが、この改編は、北極圏と極東が北極海航路で結ばれることを根拠として、ロシア政府が両者を一体化したものとしてとらえていることの現れでもある。

ロスネフチと極東・北極圏・北極海航路の関わりは、①石油・天然ガスの開発・生産、②LNGプラント（極東LNG）建設、および③造船（ズベズダ造船コンプレックス）の三本の柱から構成され、それらが相互に関係しているのが特徴である。

①石油・天然ガス開発・生産

陸上では極東・サハリン島の油田や東シベリアのバンコール油田に加え、最近では北極海沿岸のタイミル半島で新規の油田開発を検討している。一方、海上すなわちロシア大陸棚において、本書執筆時点でロスネフチが参加して生産している油田は、サハリン島沖のサハリン1およびその周辺のいくつかの鉱区のみである。

先にロシア大陸棚について説明すると、石油の生産量が最大のプロジェクトはサハリン島北東部沖で米エクソンモービル、日本のサハリン石油ガス開発（ソデコ）、インド国営石油会社ONGCと共に参加しているサハリン1である。二〇一八年は日量約23・2万バレルの石油を生産し、うち4・6万バレル相当をロスネフチが権益分として引き取り販売した。

このプロジェクトで生産される原油はソーコル（ロシア語でハヤブサの意）という名称を持ち、パイプラインでサハリン島および間宮（タタール）海峡を経由して、ロシア本土の間宮海峡に面したデカストリのターミナルに送られ、そこからタンカーで日本などに出荷されている。デカストリから日本までは、タンカーで数日の距離にあり、二十日近くかかる中東に比べはるかに短い。ロシアの石油・天然ガスが、日本のエネルギー安全保障の観点から重視される理由のひとつは、この距離的な近さにある。

サハリン1は天然ガスも生産しており、一部（二〇一八年実績＝25億立方メートル）はロシア国内へ供給されているが、多くは地下の油層の圧力維持のために再圧入されている。サハリン1の天然ガスをLNGにして輸出しようとしているのが、極東LNGプロジェクトである。

ロシア政府は二〇〇三年八月に公表された「二〇二〇年までのロシアのエネルギー戦略」の中で、早くもロシア大陸棚での石油・天然ガス開発・生産を、将来におけるロシアの資源開発の最も有望な方法のひとつと位置付けていた。

二〇〇八年、ロシア政府はロシア国内での地下資源利用者の権利義務を規定する法律である地下資源法を改訂し、ロシア大陸棚で石油・天然ガス開発・生産ができるのはロシア法人で、ロシア大陸棚において五年以上の開発経験を有し、ロシア政府が50％超の議決権を直接あるいは間接的に保有する法人と規定した。これは事実上、ロスネフチとガスプロムの二社のみがロシア大陸棚の開発へ参入できることを意味し、ロシア大陸棚への参入を希望する外国企業は、この二社のいずれかと合弁事業を組成する必要があった。

エクソンモービルやエニ、スタットオイル（現エクイノール）がロスネフチと相次いで戦略的協力協定を締結したのも、この地下資源法改正が背景にあった。

しかし、二〇一四年の対露制裁導入により、ロシア大陸棚におけるオイルメジャーとの共同開発はサハリン島沖の既存プロジェクトを除き、事実上停止している。それでも二〇一八年末時点で、ロスネフチは北極海、オホーツク海、黒海およびカスピ海の大陸棚に、計五五鉱区の開発ライセンスを保有している。

日本の協力を期待——「ボストークオイル」プロジェクト

ここで話を陸上の油田に戻そう。二〇一九年四月一日、セーチン氏はクレムリンでプーチン氏と会談し、プーチン氏とロシア政府が推進する北極圏開発と北極海航路の輸送量増加の目標達成へ、積極的に貢献したいとの意向を表明した。具体的には、ロスネフチなどが生産しているバンコール油田およびその周辺の油田群、タイミル半島南部でロスネフチとBPが設立した合弁企業「エルマク・ネフチガス」が開発を担当する地域を「北極圏クラスター」として統合し、探鉱・開発・生産を積極的に行う旨述べた（図6参照）。

外国企業を中心とする戦略的パートナーと共同で開発を進め、二〇二四年に石油の生産を開始し、二〇三〇年までに生産量を日量200万バレルまで引き上げる。生産した石油の一部は、バンコール油田からカラ海沿岸ディクソン港近くに新設される石油積出ターミナルに至る、全長600キロメートルのパイプラインを新設し、同港からタンカーで出荷することで、北極海航路の輸送量増加に貢献する。セーチン氏は実現に必要な政府からの支援として、税制優遇（総額二・六兆ルーブル、四・六兆円相当）や長期にわたる関連法・税制度の安定性保証などを求めた。

タイミル半島はユーラシア大陸最北端に位置し、広

図6）タイミル半島・「ボストークオイル」プロジェクト
（ロスネフチ公表資料を基に筆者作成）

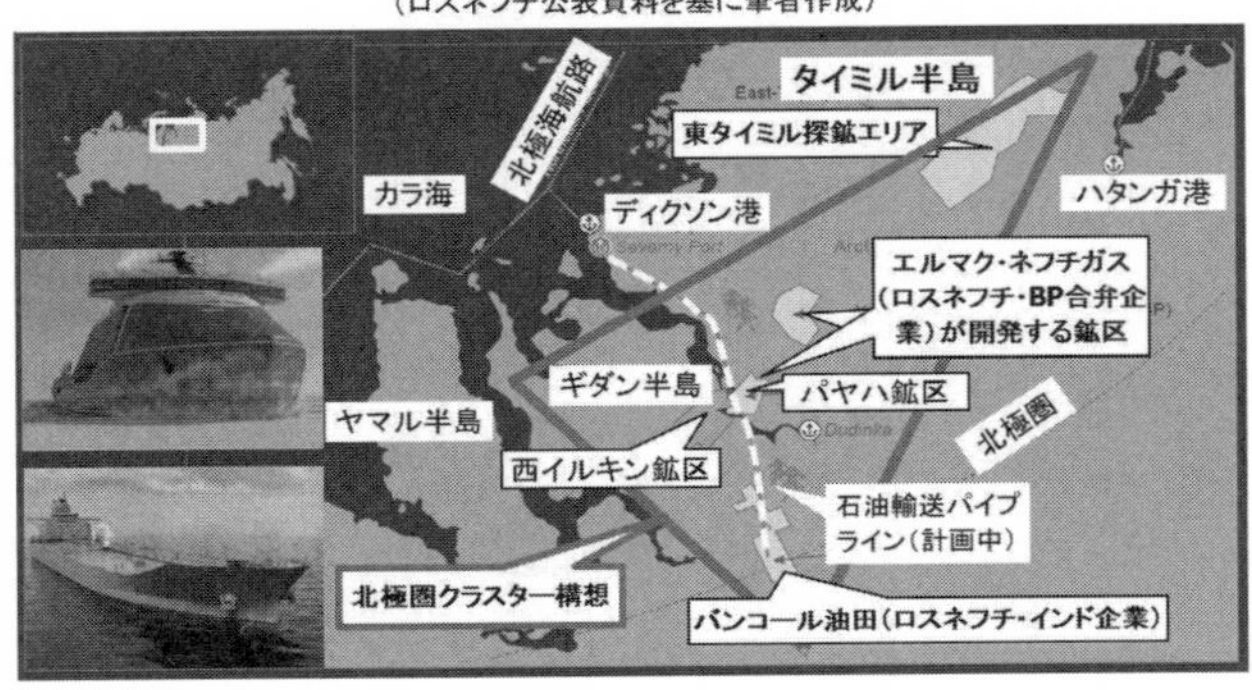

さは日本より若干広い約四〇万平方キロメートル。北極圏内にあるので気候は厳しく、冬場はマイナス50度近くまで下がる。人口は三万人程度で、これまでほとんど鉱物資源の探査・開発は進んでいなかった。

このプロジェクトはその後、「ボストークオイル」と呼ばれるようになる。当事者はロスネフチのほかにBP、そして前章で登場したフダイナトフ前ロスネフチ社長が率いる独立系の石油会社である。ロスネフチは、バンコール油田の権益保有者であるインド企業コンソーシアムにも、ボストークオイルへの参加を呼び掛け、二〇二〇年二月、インドは参加を表明した。

なお、二〇一四年の欧米の対露制裁におけるシェール層を除く在来型の陸上の油田あるいは天然ガス田の開発への参加、欧州の対露制裁における制裁発動前に取得した株式の保有は、いずれも基本的に対象となっていない。

従ってBPは、制裁後もロスネフチの大株主であり続けるのみならず、二〇一五年にはロスネフチから東シベリアの陸上油田タース・ユリャフの権益20％を購入した。これは、オイルメジャーが東シベリアのプロジェクトへ初めて参加したケースとなった。

　更に翌二〇一六年、ロスネフチとＢＰは、西シベリアおよびタイミル半島とその周辺で探鉱を行うための合弁企業エルマク・ネフチガスを設立した。ＢＰは二回に分けて、同社に計三億ドルを拠出するとしている。制裁発動後の出資であり、本来であれば制裁に抵触してもおかしくないが、現時点で事業は継続している。ロシアにおける欧州企業の活動について、制裁に抵触するかどうかの判断が各国に委ねられていることも、この事業が存続できている背景にある。ロスネフチとＢＰの関係は、制裁下の今も発展しつつある。

　また、報道によれば、二〇一九年九月五日にウラジオストクで開催されたロシア政府主催の国際会議「東方経済フォーラム」におけるロスネフチと日本政府・財界関係者との円卓会議の席上、セーチン氏は「日本側パートナーのロシアにおける石油採掘プロジェクトへの関心を歓迎する」と述べた上で、ボストークオイルを戦略プロジェクトとして提案した。更にセーチン氏は同年十二月十一日、都内で複数の日本企業向けにこのプロジェクトの説明会を開催し、改めて日本側に参加を打診した。今後日本側がこのプロジェクトへ実際に関与するのか、注目したい。

②ＬＮＧプラント（極東ＬＮＧ）建設

ロスネフチは、今後アジアなどで需要の伸びが期待できる天然ガスの輸出に関心を持っている。欧州向けのガスパイプライン輸出がガスプロムのみに許可される中、ロスネフチは二〇一三年に極東ＬＮＧプロジェクトからＬＮＧを輸出する許可を得た。本書執筆時点でロスネフチがロシア国内で関与する、唯一のＬＮＧプロジェクトである。

アジア地域の経済成長や、地球温暖化および大気汚染対策を背景に、世界の天然ガス消費量は増加傾向にある。特にＬＮＧに関し、ＬＮＧ輸入者国際グループ（GIIGNL）が公表している統計によれば、二〇一八年の総輸入量３億１３８０万トンのうち、最大の輸入国は日本で８２４６万トン、総輸入量の26・３％を占めたが、今後原発再稼働などで発電向けの需要頭打ちが予想される。第二の輸入国は中国で５４００万トンと総輸入量の17・2％だったが、引き続き大気汚染対策や低炭素社会実現に向けた需要の伸びが予想される。東南アジアや南アジアでも、大気汚染対策や地球温暖化対策の一環としての発電燃料切替え（石炭から天然ガスへ）が進んでおり、アジアにおけるＬＮＧ需要は総じて増加する見込みである。

二〇一八年、ロシアは世界のLNG総輸出量の約5・8%にあたる1833万トンを輸出したが、二〇三五年までには世界におけるシェアを20%にまで高めることを目指している。

極東LNGプロジェクトは、ロスネフチがサハリン1のパートナーであるエクソンモービルと計画しているもので、ロシア極東・デカストリのサハリン1の石油積出ターミナル近くに、年間生産量620万トン（二〇一八年の日本の消費量の約7・5%に相当）のLNGプラントを建設する。原料となる天然ガスは、サハリン1から供給される可能性がある。

最終投資決定のタイミングなどは不明だが、二〇一九年九月にセーチン氏はプーチン氏へ、このプロジェクトの実現により今後五兆ルーブル（八・九兆円）相当の歳入が得られることに加えて、建設時に五千名、操業時に七百名の新規雇用が生まれること、地理的に近い日本が極東LNGの顧客になることを強調している。現時点で実現するかどうかは未定だが、完成すればロスネフチがロシア国内で参画する最初のLNGプロジェクトとして、同社のLNG事業の柱となることが予想される。

③造船――一石五鳥のズベズダ造船コンプレックス

石油・天然ガス関連事業と比べ、異彩を放って見えるのが、ロスネフチによるズベズダ造船コンプレックス・プロジェクト（以下ズベズダ造船所）への関与である。ズベズダ造船所は一九五〇年代にウラジオストクの東約三十キロメートル、ウスリー湾対岸にあるボリショイ・カメニへ建設された、ソ連海軍の潜水艦や艦艇の修理施設に過ぎなかった。しかし、二〇〇九年にプーチン氏が大統領として極東での造船所新設を指示したことなどがきっかけで、極東の他の四つの造船所を統合し、二〇一五年十二月に設立された。二〇一六年九月にはプーチン氏出席のもと、設備の稼働式典が行われた。

セーチン氏は、ズベズダ同造船所の89％の株式を保有する国営企業ロスネフチガスの取締役会長であることから、同氏がこの造船所の事実上の最終意思決定者と見てよい。セーチン氏は二〇一九年九月に視察したプーチン氏やインドのモディ首相に、「同造船所はロスネフチが主導している」と説明している。

これまでに二〇〇〇億ルーブル（約三五四〇億円）超を投じ、三段階で実施されている大規模な施設改修などが完成する二〇二四年には、ロシア大陸棚開発用の諸設備や、これまでロシア国内で建造できなかったＬＮＧタンカーなど様々な設備や船舶を建造可能な、ロシア造船業の一大拠点となり、七千五百名超の新規雇用が生まれる予定である。

ズベズダ造船所を支えるために、ロスネフチは全ての新たな海洋施設・設備や船舶を同造船所に発注する契約を締結し、二〇一九年九月時点で既に二八件の発注を行った。同造船所は、日本企業も参加する北極海沿岸ギダン半島に建設予定のアルクチックLNG2プロジェクト向けの、砕氷機能を持つLNGタンカーもすでに受注しているほか、北極海航路で使用する巨大な原子力砕氷船の建造も計画している。

ズベズダ造船所の実現は、①極東での雇用拡大、②造船業発展を通じた機械などの関連産業の発展、③輸入代替、④ロシア大陸棚開発資機材や北極海航路向け船舶の供給源確保、⑤造船業そのものの再生という、いわば一石五鳥の効果を見込んでいる。

以上のように、ロスネフチはプーチン氏へ適宜相談し指示を受けつつ、様々な側面から極東・北極圏および北極海航路開発を支援しようとしている。このような姿は、もはや一国営企業と言うより、プーチン氏やロシア政府の意向を踏まえて地域の総合的な開発を担う、巨大な地域開発公社であるかのようだ。ロスネフチと同じくロシア全土で事業を展開するガスプロムや、他の国営企業には見られない特徴である。

（2）アジアシフトと国外展開——成長する市場を求めて

変化する主力市場——欧州からアジアへ

欧州は世界でも有数の石油・天然ガス輸入地域である。二〇一八年時点で欧州（BP統計の定義は、EU諸国にウクライナなど周辺数ヶ国を加えたもの）は世界の石油輸入の22・9％（日量1038・3万バレル）、パイプライン経由の天然ガス輸入の59・5％（4789億立方メートル）、LNG輸入量の16・6％（5260万トン）を占める。石油輸入とパイプライン経由の天然ガス輸入は、地域で見た場合世界最大、LNG輸入についてはアジア・オセアニアに次ぐ第二位である。

欧州はロシアにとって最大の石油・天然ガス輸出先である。二〇一八年時点で石油の総輸出量の55・6％（日量306・5万バレル）、パイプライン経由天然ガス総輸出量の実に86・9％（1938億立方メートル）、LNG総輸出量の27・3％（約500万トン）を占めている。石油そしてパイプライン経由の天然ガス輸出については、欧州が最大の輸出先になっているほか、ＬＮＧ輸出についてもアジア・オセアニアに続く第二位の輸出先である。

　この欧州で、気候変動と再生可能エネルギーの導入拡大に伴い、二つの変化が起きている。一つ目は、二〇一六年十一月に発効したパリ協定に伴う地球温暖化対策の強化と再生可能エネルギーの普及拡大。二つ目は天然ガス市場の競争激化である。

　パリ協定は、①ＣＯ2を含む温室効果ガス削減により、世界の平均気温上昇を産業革命以前に比べて2度未満（努力目標1・5度）に抑える、②その実現のために、できる限り早く世界の温室効果ガス排出量をピークアウトし、今世紀後半には温室効果ガス排出量と（森林などによる）吸収量をバランスさせる、の二点を規定している。

　元々欧州は環境意識の高い地域だが、近年若者達が地球温暖化対策を強く求めるようになったことなどを受け、欧州連合（以下ＥＵ）は二〇一九年十二月に「欧州グリーンディール政策」を発表するなど、環境対策を最優先課題に掲げた。またドイツなどの主要国も、輸送や暖房分野における温室効果ガスの排出量削減、電気自動車の普及促進、発電分野での再生可能エネルギー導入推進・強化といった政策を実行しつつある。

　石油、天然ガスおよび石炭のＣＯ2排出量について石炭＝100とすると、石油は80、天然ガスは57であり、化石燃料では天然ガスが最も環境へ与える負荷が小さい。前述の諸政策が進捗していく過程で、当面は石炭や石油の消費量削減が求められる一方、天然ガスはそれらに代替するものとして需要が伸びる可能性がある。特に国内で豊富に存在する石炭を利用するため大気汚染が深刻な中国やインドでは、天然ガスの代替需要が見込まれている。

天然ガスに関し、欧州のロシアに対する依存度は高い。二〇一八年時点で欧州の総消費量に対するガスプロムの販売量のシェアは36・8％に達する。オランダやノルウェーなど域内主要生産国が今後減産に向かう可能性が高いので、それらの代替需要も見込まれる。このような状況の中、二〇一八年以降、米国は欧州に自国産LNGの輸入増加を求めている。ロシアへの高いエネルギー依存度を低める狙いもあるとみられるが、今後政治レベルで米国が欧州へLNG購入圧力を高め、米国産LNGが欧州市場に流れ込めば、ロシアを含む他国産ガスとの競争が激化することも予想される。

それでは今後、欧州や中国、インドにおける石油や天然ガスの需要はどうなるのか。二〇一八年十一月に国際エネルギー機関（以下IEA）が発表した「世界のエネルギー展望2018」（以下WEO2018）にある石油・天然ガス予測値のうち、EU（二〇一八年時点で加盟国二八ヶ国）、中国およびインドの純輸入量（＝輸入量マイナス輸出量）、ロシアの純輸出量（＝輸出量マイナス輸入量）、参考として日本の消費量をグラフ15および16に表示した。

なお、純輸入量に関し、二〇三〇年および二〇三五年の数値は公表されていない。また、ＩＥＡは予測に際し政策に関する三つのシナリオを設定しているが、グラフのデータの根拠となっているのは「新政策シナリオ」、即ち二〇一八年時点で公表された最新のエネルギー政策や関連計画が実施されると想定しているものである。

注目すべきは石油に関し、ＥＵの純輸入量のみならずロシアの純輸出量も二〇四〇年にかけて減少している点であろう。二〇一七年から二〇四〇年にかけて、前者は31・8％減少、後者も28％減少する見込みである。

ロシアでは二〇一四年の対露制裁により、今後新たな石油や天然ガスの埋蔵量が期待されていたロシア大陸棚や国内シェール層開発が、事実上中断している。もちろん、新たな石油・天然ガス田の発見はあるが、ＩＥＡは、それらの発見だけでは既存の主力油田における生産量の自然減少を賄えないと見ている。ロシア大陸棚やシェール層の開発が実現しない限り、ロシア全体の生産量が低下するので輸出余力も下がる。

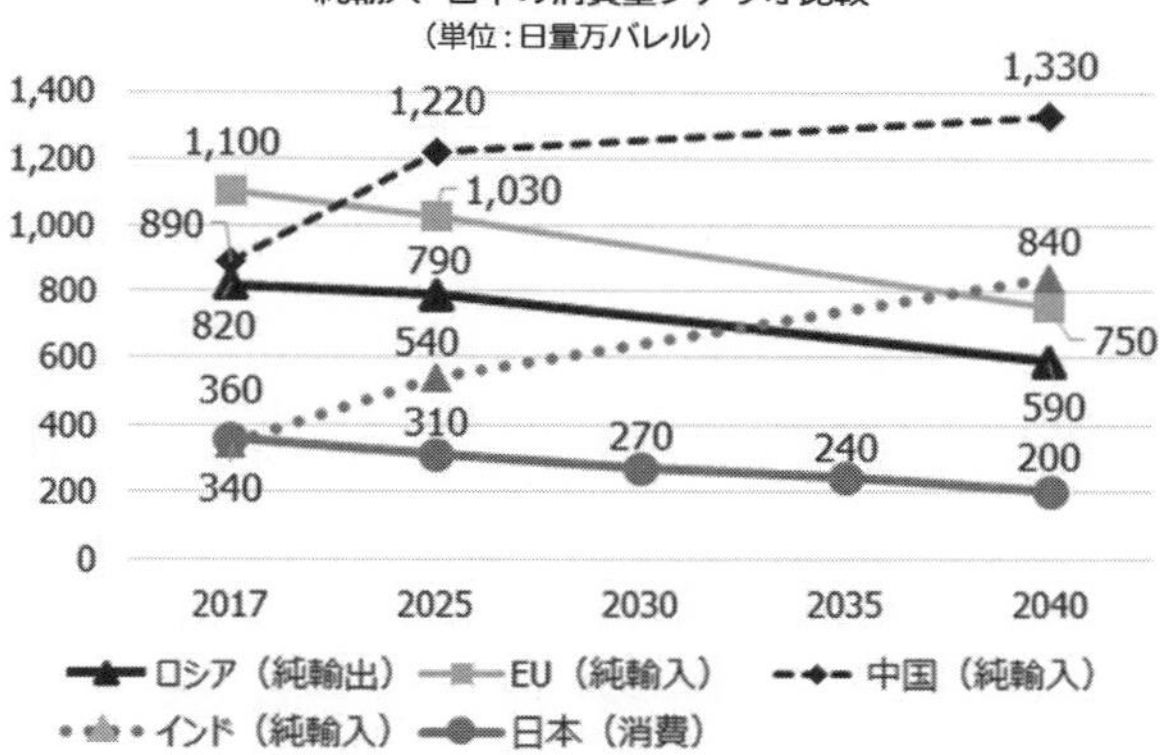

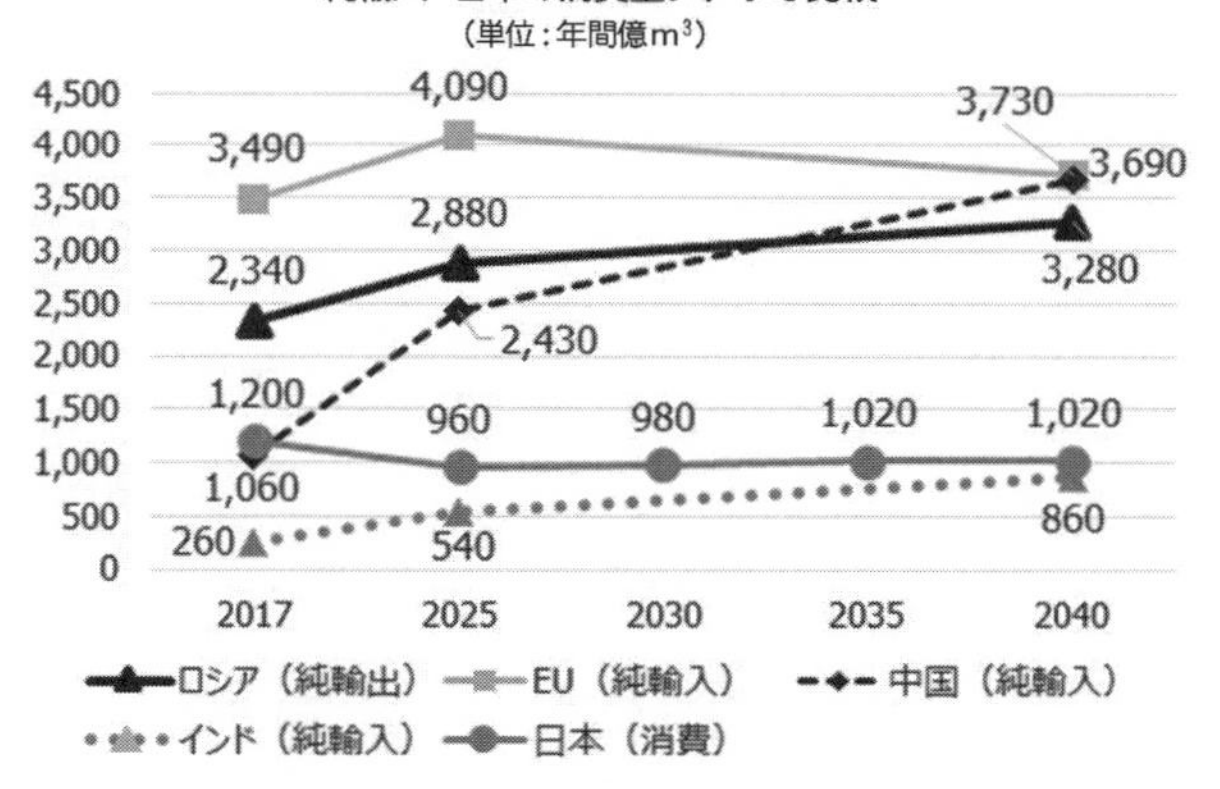

Based on IEA data from the IEA (2018) World Energy Outlook,
https://www.iea.org/reports/world-energy-outlook-2018.

これに対し、中国やインドの純輸入量は二〇四〇年にかけて右肩上がりで、中国は約五割増、インドは約二・五倍になる。ただし、両国の石油需要は、二〇一七年版の「世界のエネルギー展望」にある予測値に比べ、両国での電気自動車普及による石油需要減少予測を踏まえ、下方修正されている。

天然ガスの予測は、石油と多少様相が異なり、ロシアの純輸出量は増加するほか、EUの純輸入量も二〇二五年までは増加する。二〇一七年から二〇四〇年にかけて、前者は40・2%増加するが、後者は二〇二五年以降減少に転じるので、6・9%の増加に止まる。

IEAによれば、東シベリアや極東における新たな天然ガス田の稼働がロシアの純輸出量の増加基調の背景である。また中国の純輸入量が二〇一七年から二〇四〇年にかけて約三・五倍に伸びる背景は、大気汚染対策による石炭から天然ガスへの切り替えである。中国に比べ量は少ないが、インドの純輸入も同じ期間で約三・三倍になる。

ロシアの主要市場である欧州において、石油純輸入は今後減少、天然ガス純輸入も間もなくピークを迎えたのちに減少することが予想される一方、中国とインドは石油・天然ガスとも、今後の輸入増加が予想されている。また、ロシアにおいては今後石油の純輸出量の減少を見込むが、天然ガスについては純輸出量の増加を見込んでいる。

このような状況の中、ロスネフチも国外での軸足を、欧州から中国やインドを含むアジアに移し始めている。同社がアジアで、そして他の地域でどのような活動をしているのか、以下主なものを紹介する。

他のロシアのエネルギー企業の国外事業は、主に石油・天然ガスの開発・生産にとどまっている。これに対し、ロスネフチはアジアにおいて、中国やインドとの強固な関係を軸に製油所の買収や新規建設を推進するのみならず、経済危機の続くベネズエラにも深く関わっている。その積極的な活動は、ロシアのエネルギー外交そのものと言ってよい。

中国――長期石油供給契約がベースに

今後経済成長による石油・天然ガスの需要拡大が見込まれるアジア諸国の中で、ロスネフチが最も重視してきたのが中国である。その特徴は、①複数の短期あるいは長期石油供給契約（表4参照）が存在し、それらの契約を通じ巨額の外貨建て融資あるいは前払金が、中国側からロスネフチへ提供されたこと、および②中国側によるロシアでの石油・天然ガス田開発・生産プロジェクトへの参入が少ないことにある。

前者に関し、受領した資金を利用して、ロスネフチはユコスの子会社ユガンスクネフチガスの買収や、東シベリアの新規油田開発などを実現してきた。二〇一七年はじめの時点で、ロスネフチは中国との諸契約に基づき、その時点までに1・86億トン、九五〇億ドル相当の石油を供給するとともに、二〇三〇年までに合計7億トン超を供給することになっていた。ロスネフチは石油製品も中国に供給しており、二〇〇五〜二〇一六年までに三千万トン、一九〇億ドル相当となった。二〇一八年時点で中国はロスネフチにとって最大の石油輸出先であり、同社の石油輸出に占めるシェアは30・9%であった。

巨額の前払い額などを含む複数の供給契約が締結されたことに比べ、ロシアでのロスネフチとの石油・天然ガス共同開発・生産プロジェクトについては多くの交渉がなされたものの、中国側が実際に参加できたプロジェクトは、二〇〇六年に中国石油化工（シノペック）が出資したボルガ・ウラル地域で油田を操業するウドムルトネフチ、そして二〇一七年に北京燃気が東シベリアで一一億ドルを払って参入したベルフネチョン油田の二件しかない。このように中国の参入が少ない背景には、ロシアが自国内の油田や天然ガス田へ中

中国側契約者	契約時期	契約内容
中国石油天然気集団（CNPC）	2005年	ロスネフチが2010年までに計3.55億バレルの原油を提供する代わりに、CNPCがロスネフチに60億ドルを前払い（ロスネフチは受領した資金を、ユコス子会社ユガンスクネフチガス買収資金の一部に充当） 契約は既に終了
	2009年	ロスネフチが東シベリアなどの新規油田開発資金として150億ドル、国営パイプライン運営企業トランスネフチがESPO建設資金として100億ドル、計250億ドルを中国から借入 上記2借入への返済として、2011～2030年まで、ロスネフチがCNPCへ計3億トン（日量30万バレル）の石油を供給
	2013年	ロスネフチが25年間に計3.25億トンの石油を供給 石油代金（総額2,700億ドル）のうち700億ドルを、ロスネフチは前払いで受領
	2013年	ロスネフチが2013～2017年に計2,100万トン（日量8.4万バレル）の石油を供給 2017年に契約を延長、2023年までの7年間にカザフスタン経由で毎年1,000万トン（日量20万バレル）を供給
中国石油化工（Sinopec）	2013年	契約額は未公表（850億ドルとの報道あり） 2014年以降、ロスネフチはSinopecへ10年間、毎年1,000万トン（日量20万バレル）の石油を供給
中国化工集団（ChemChina）	2015年	ロスネフチがChemChinaへ1年間、240万トン（日量4.8万バレル）の石油を供給 契約は既に終了
	2018年	ロスネフチがChemChinaへ1年間、ESPO経由で240万トン（日量4.8万バレル）の石油を供給
中国中信集団（CITIC）	2018年	元々2017年に中国華信能源（CFEC）がロスネフチと締結した契約（ロスネフチが2018年から5年間で毎年1,000万トン（日量20万バレル）を供給） CFECは海外での汚職をめぐり中国当局の捜査対象になったこともあり、上記契約をCITICに譲渡（契約の執行状況などは不明）

表4）ロスネフチと中国の主な石油供給契約
（既に契約期間が終了したものも含む。一部契約の借入あるいは前払金額は未公表）

国が直接参入し、自国の石油・天然ガス産業への影響力を高めることを警戒した可能性もある。

その他、CNPCとの天津における新製油所建設計画、北京燃気と合弁事業を設立し、ロシア国内で天然ガス自動車向けのガススタンドを展開する事業などが動いている。

インド——製油所やガソリンスタンド網を獲得

インドとロスネフチについては、インド企業がロシア国内でロスネフチの大規模油田の権益を取得している一方、ロスネフチもインド国内で製油所およびガソリンスタンド網の経営に乗り出し、今後経済成長に伴いガソリンなどの石油製品の伸びが期待できるインド市場へ布石を打っている。

インド国営ONGCなど国営数社からなるインド企業コンソーシアムは、二〇一六年十月に東シベリアの大規模油田バンコールの権益49・9%およびタース・ユリャフ油田の権益29・9%をロスネフチから購入した。中国により取得されたロスネフチの油田に比べ、生産量などの規模は大きい。バンコールについてはCNPCなども権益取得を狙っていたと言われる。ロスネフチはインド側から受領した権益売却代金を、同じ月に買収した国営石油会社バシュネフチの購入代金に充てた。

一方、ロスネフチは二〇一七年、年間二千万トンの原油処理能力を持つインド国内第二の製油所を保有する同国のエッサールオイル（現ナラヤ・エナジー）の株式49・13％を取得した。エッサールオイルはインド国内に約5300のガソリンスタンドを持ち、ロスネフチは同社株式取得を通じ、インドの石油製品市場への参入を果たした。

その他のアジア諸国

インドネシアでは二〇一五年、国営石油会社プルタミナと、インドネシアへの原油やLNG供給を含む広範な業務協力の研究についての覚書を締結。翌二〇一六年には、ロシア国内のロスネフチの保有する油田におけるプルタミナの権益取得に関する覚書を締結すると共に、今後同国で石油製品や石油化学製品の需要拡大を見込み、東ジャワ州での新製油所建設に向けた合弁企業設立協定も締結した。

ベトナムでは、海上天然ガス田プロジェクトに参画し天然ガスやコンデンセートを生産しているほか、天然ガス田から地上に天然ガスを輸送するパイプラインの操業、別の海上鉱区の探鉱にも携わっている。

ミャンマーでも、二〇一六年にロスネフチが買収したバシュネフチが取得していた陸上鉱区で探鉱を行っている。シンガポールでは二〇一九年、海外プロジェクトや石油製品・石油化学製品取引のための事務所を開設した。

中東・アフリカ

特にイラクで積極的な姿勢が目立つ。バシュネフチが保有していた南西部の鉱区で探鉱を継続している他、北部のクルド人自治地域では、二〇一七年にトルコに向かう石油パイプラインの経営権を取得、翌二〇一八年には天然ガス田開発および天然ガスパイプライン建設で合意した。

アフリカでも、エジプトにおいて天然ガス事業に関する重要な動きが見られた。即ち二〇一七年、ロスネフチはイタリアのエニから海上天然ガス田ゾールの権益30%を購入した。ゾールは地中海で最大級の天然ガス田であり、生産した天然ガスは全量、エジプトに供給されている。
　またモザンビークでは、エクソンモービルと共同で海上の三鉱区における探鉱を予定しているが、二〇一九年八月にロスネフチはモザンビーク国家石油院および国営石油会社とそれぞれ、モザンビークでの石油・天然ガスの探鉱・開発協力拡大に関する文書を締結した。一九八〇年代にモザンビークで勤務した経験のあるセーチン氏にとっては、思い出の地への回帰なのかも知れない。

正念場のベネズエラ

　経済危機の続くベネズエラにおいて、ロスネフチは五つのプロジェクトに権益を有し、二〇一八年は340万トン（日量約6・8万バレル）の原油を取り分として受領した。現マドゥーロ政権を支援するロシア政府の方針に基づき、ロスネフチはベネズエラ国営石油に計六〇億ドルを前払いし、返済を石油で受け取っている。この取引に基づくベネズエラの債務残高は、二〇一七年末時点で四六億ドル相当だったが、その後ベネズエラによる返済が進み、二〇一九年六月末時点では一一億ドルまで減少した。

ロスネフチは二〇一九年八月時点でベネズエラ産石油の最大の購入者となっており、受け取った原油をインドの出資先ナラヤ・エナジーの製油所などへ供給していると言われる。

これに対し米国は二〇二〇年二月から三月にかけて、ロスネフチがマドゥーロ政権を支援しているとして、スイスにあるロスネフチの二つの子会社などに、米国内資産を凍結する経済制裁を発動した。今後米国のロスネフチに対する経済制裁が強化される可能性もある。

日本——新たな可能性を探る

現時点で、ロスネフチと日本企業がともに参加し生産しているプロジェクトはサハリン1のみである。過去にロスネフチから日本側へ様々な共同事業の働きかけがあったと言われるが、筆者の知る限り実現には至っていない。

このような状況下、ロスネフチは先に述べた二〇一九年九月五日のウラジオストク「東方経済フォーラム」における日本政府・財界関係者との円卓会議において、日本の資源エネルギー庁との間で共同調整委員会設立に関する覚書に署名した。

同日付のロスネフチの資料によれば、この委員会は戦略的な協力や新規プロジェクト実現に貢献するものであり、両者は共同で、ロシア国内および第三国における石油および天然ガスの探鉱・開発、石油化学事業の開発、原油供給やＬＮＧプロジェクトなどの分野での協力について検討するとなっている。二〇二〇年一月、東京で第一回共同調整委員会と、日本企業向けにロスネフチの有望プロジェクトを紹介するセミナーが開催された。

なぜ二〇一九年から二〇年にかけてロスネフチが日本側と相次いで会議を持ったのか、背景などは確認出来ていない。しかし、二〇一九年六月に、三井物産が北極圏でノバテクの主導する新たなＬＮＧプロジェクト、アルクチックＬＮＧ２へ参加を決めた。これに刺激されたロスネフチが、極東のみならず北極圏や北極海航路開発について、日本に改めて可能性を見出し、接近してきたと考えられる。

おわりに　ロスネフチの向かう先は

　これまで、ロスネフチの歴史や石油・天然ガス事業、そして地域開発や海外展開といったフロンティアについて見て来た。セーチン氏の強力なリーダーシップの下にある巨大企業――セーチン氏がほとんど意のままに動かせる「セーチン商店」と言ってもよい――が、欧米の制裁に対処しつつ、西シベリアから極東、アジアからアフリカ、南米に至る世界各地で石油や天然ガスを生産し、市場に供給する。あるいはロシアの極東や北極圏で新たな事業を進め、地域を開発する。その力強く前進する姿は頼もしく、その姿を通じてロシアの潜在的なパワーを感じる。

　しかし、今後を冷静に見ると、前途はそう容易ではない。将来の石油・天然ガスの需要減少の可能性に加え、欧米の対露制裁の長期化、および二〇二四年に訪れるプーチン氏の通算四期目の大統領任期満了という二つの問題が、ロスネフチの前途に影を投げかけている。

　欧米の対露制裁は、当面解除される気配はない。二〇一九年十月にウクライナ東部を巡りウクライナと親ロシアの分離派、ロシア政府で和平案に基本合意したものの、制裁のきっかけとなったクリミア併合について状況は何ら変化していない。クリミア問題が解決しない限り制裁は継続するし、万一解決したとしても特に米国内で制裁解除の手続きは複雑であり、かなりの期間を要すると伝えられる。

輸出規制で必要な資機材や技術を入手できず、金融制裁で必要な資金を調達できないまま、ロスネフチは当面、単独での開発が難しいロシア大陸棚やシェール層に手を付けられず、前出の北極圏「ボストークオイル」プロジェクトなどを除くと、国内での新たな石油や天然ガスの大規模な埋蔵量の発見は難しいかも知れない。十分な追加埋蔵量が見つけられなければ、ロスネフチの石油や天然ガスの生産量はやがて減少に転じる。

二〇二四年に予想されるプーチン氏の通算四期目の終了がロスネフチにどのような影響をもたらすのかについて、現時点で予測は難しい。ただし、二〇二〇年に入るとプーチン氏が任期終了後に向けて、具体的な行動を起こしたことには注目する必要がある。一月一五日に年次教書演説を行い、今後、国民投票を実施して憲法を改正し、国の権力機構を大きく変える方針を示した。

同年三月にプーチン氏が大統領として署名した憲法改正案は、大統領や首相、議会の権限変更を定めている。この案は大統領任期について二期に制限するものの、「現職大統領については、過去または現在の任期を含めない」としており、プーチン氏が退任後に大統領選挙へ出馬する可能性を残した。今後プーチン氏が大統領選挙で当選すれば、最長二期十二年、八三歳まで大統領職に留まることが可能になる。

憲法改正案は、憲法裁判所の審査を経て、今後実施予定の国民投票（本書執筆時点で実施時期は未定）で国民の過半数が支持すれば、新憲法として発効する。プーチン氏が今後改めて大統領の座に就くかは分からないが、筆者が見る限り、セーチン氏がプーチン氏の引き立てで後任の大統領になる可能性は低い。プーチン氏の側近として、ロスネフチのトップとして十分な権力と影響力を持っているが、すべてはプーチン氏に仕え、一生懸命やることで実現出来ているものである。セーチン氏が国のリーダーとして、内政や外交、経済政策等を自ら判断し進めていく姿は想像しにくい。二〇二四年以降もプーチン氏が引き続き国家の事実上のトップとして君臨するのであれば、今後もセーチン氏にロスネフチを任せ、セーチン氏もまたそれを望むのではないか。

二〇二四年のプーチン氏の通算四期目終了後についておぼろげながらに方向性が見え始めたものの、地球温暖化対策や再生可能エネルギーの拡大で世界の石油需要の伸びが鈍り、国内の石油生産量も頭打ちになるとの見通しが強まる――このような不確実性の高まる中、ロスネフチはどこへ向かうのか。

公表されている国際会議などにおける講演内容を見る限り、セーチン氏は化石燃料を含む既存のエネルギー源と再生可能エネルギー、環境保護そしてエネルギー効率化導入をバランスよく行うべきと言いつつ、世界のエネルギー需要拡大には引き続き石油と天然ガスが長期的観点から不可欠と述べている。今後の石油・天然ガスの需要見通しに関し、セーチン氏は強気であると言ってよい。

当面は石油・天然ガスの開発と生産を主軸に、制裁の解除が見込まれない中、需要増加が見込まれるＬＮＧの生産・販売、経済成長に伴う需要増が見込まれるアジアや中東を含むユーラシア大陸での事業に重点を置くだろう。一方、欧州系のオイルメジャーが気候変動対応の観点から積極的に参入している再生可能エネルギー関連事業（太陽光・風力による発電など）にはこれまでも、そして今後も参入しないように見える。

この石油・天然ガスに引き続き事業の重心を置こうとするセーチン氏の姿勢が、ロスネフチにとって大きなリスクになると筆者は考える。気候変動やそれに伴う環境規制の今後を予想することは難しいが、たとえアジアでの経済成長が見込まれるとしても、特に石油についてロシアも含む世界全体の需要予想は、下方修正はあっても上方修正される可能性は低い。「見つけて採掘すれば売れた」時代から、「見つけて採掘してもなかなか売れない」時代に変わろうとしている。

そのような変化に、セーチン氏とロスネフチはどう対処していくのか。新たな事業分野を見つけ、現在の石油・天然ガスを中心とする事業形態を変えていくという選択肢もある。しかし、ロスネフチの石油・天然ガス依存からの脱却は、単に一企業の問題ではなく、化石燃料輸出に依存するロシア経済の根本的な構造転換、換言すればロシアの国力の源泉の大きな変更にも繋がる一大事である。セーチン氏そしてロスネフチは今、正に岐路に立たされている。

日本はロスネフチとどのように付き合っていけばよいのか。本書執筆時点でロスネフチは改めて日本に近づき、協力を求めている。例えば同社が積極的に開発へ関与し、日本も高い関心を持つ北極海航路について協力を検討することも一案だろう。ロシアのエネルギー分野のみならず政治や経済でも大きな影響力を持つロスネフチと、協力等を通じて直接関係を維持しておくことは、日本にとって、二〇二四年に向けて変化が予想されるロシアの状況を直に把握する上で、決して無駄にはならない。

「はじめに」に掲載した会社のロゴにある様に、ロスネフチは「ロシアの利益のため」の企業である。セーチン氏のもとで二十年近く、ロスネフチは石油・天然ガス事業などを通じて、ロシア国民そしてロシアという国家に様々な形で貢献してきた。

技術が日進月歩で進み事業環境の変化がますます加速することも予想されるこれからの時代、企業トップに必要とされるのは先見性や変化への柔軟性に加え、リーダーシップそして決断力であろう。セーチン氏がこれまで以上にリーダーシップと決断力を発揮し、ロスネフチを、ロシアそしてロシア国民の将来を担う企業として成長させることを心から期待したい。

最後に、本書執筆の機会を与えて下さった立教大学の蓮見雄教授、執筆に際してご支援、ご指導頂いた群像社の島田進矢氏に心より御礼申し上げたい。

主な参考文献

篠原建仁「ロシア大陸棚と石油・ガス開発――北極海およびオホーツク海に焦点を当てて」(『ロシア・ユーラシアの経済と社会』二〇一三年八月、ユーラシア研究所)
篠原建仁「ロスネフチの戦略」(杉本侃編著『北東アジアのエネルギー安全保障』所収、日本評論社、二〇一六年)
篠原建仁「中国の一帯一路政策と中央アジア・ロシア――石油ガスの観点から」(『ロシア・ユーラシアの経済と社会』二〇一八年十一月、ユーラシア研究所)
BP Statistical Review of World Energy 2019, BP, June 2019.
IEA World Energy Outlook 2018, IEA, November 2018.
本村眞澄「復活した石油大国露下とその背景にあるもの――石油・天然ガスの生産動向分析と地

質ポテンシャル」(『石油・天然ガスレビュー』二〇〇三年一月、石油公団)
本村眞澄「ロシア～ロスネフチのIPOは成功。一〇四億ドルを調達し、今後は積極投資へ」(『JOGMEC(独立行政法人　石油天然ガス・金属鉱物資源機構)調査レポート』二〇〇六年七月二一日)
本村眞澄「ロシア～ロスネフチを主軸に展開するプーチン新政権のエネルギー政策」(『JOGMEC調査レポート』二〇一二年七月一二日)
長谷直哉「ロシアのガス輸出政策とガスプロム――「東方ガスプログラム」と中露ガス交渉の事例から」(『国際政治研究の先端11』二〇一四年三月、日本国際政治学会編『国際政治』第一七六号)
原田大輔「ロシア～欧米による対露制裁をめぐる動き」(『JOGMEC調査レポート』二〇一九年二月二五日)

篠原 建仁（しのはら けんじ）
インペックスソリューションズ株式会社企画調査部上席研究員。1986年、慶應義塾大学経済学部卒業。東京銀行入行後、ドイツ語トレーニー（1988～1991年）、外務省欧亜局新独立国家室（当時）出向（1995～1999年：担当はカザフスタンおよびキルギスとの二国間関係、カスピ海のエネルギー資源）。銀行退職後、2002～2004年まで在アゼルバイジャン日本国大使館専門調査員。2004～2006年6月まで、アゼルバイジャン地場銀行Bank Respublika国際関係部長。2006年7月に国際石油開発（当時）へ中途入社後、主にカスピ海地域のエネルギー輸送、ロシアのLNGプロジェクトや権益取得交渉などを担当。2015年5月～2018年12月まで経営企画本部で、主に調査を担当。2019年1月より現職。現在はロシアを含む旧ソ連諸国のエネルギー、政治・経済情勢調査と分析、ドイツの再生可能エネルギー等を担当。

ユーラシア文庫15
ロスネフチ　プーチンの巨大石油会社
2020年4月13日　初版第1刷発行
著　者　篠原 建仁
企画・編集　ユーラシア研究所

発行人　島田進矢
発行所　株式会社 群 像 社
神奈川県横浜市南区中里1-9-31 〒232-0063
電話／FAX 045-270-5889　郵便振替　00150-4-547777
ホームページ　http://gunzosha.com
Eメール info@gunzosha.com

印刷・製本　モリモト印刷
カバーデザイン　寺尾眞紀

ISBN978-4-910100-08-1

「ユーラシア文庫」の刊行に寄せて

1989年1月、総合的なソ連研究を目的とした民間の研究所としてソビエト研究所が設立されました。当時、ソ連ではペレストロイカと呼ばれる改革が進行中で、日本でも日ソ関係の好転への期待を含め、その動向には大きな関心が寄せられました。しかし、ソ連の建て直しをめざしたペレストロイカは、その解体という結果をもたらすに至りました。

このような状況を受けて、1993年、ソビエト研究所はユーラシア研究所と改称しました。ユーラシア研究所は、主としてロシアをはじめ旧ソ連を構成していた諸国について、研究者の営みと市民とをつなぎながら、冷静でバランスのとれた認識を共有することを目的とした活動を行なっています。そのことこそが、この地域の人びととのあいだの相互理解と草の根の友好の土台をなすものと信じるからです。

このような志をもった研究所の活動の大きな柱のひとつが、2000年に刊行を開始した「ユーラシア・ブックレット」でした。政治・経済・社会・歴史から文化・芸術・スポーツなどにまで及ぶ幅広い分野にわたって、ユーラシア諸国についての信頼できる知識や情報をわかりやすく伝えることをモットーとした「ユーラシア・ブックレット」は、幸い多くの読者からの支持を受けながら、2015年に200号を迎えました。この間、新進の研究者や研究を職業とはしていない市民的書き手を発掘するという役割をもはたしてきました。

ユーラシア研究所は、ブックレットが200号に達したこの機会に、15年の歴史をひとまず閉じ、上記のような精神を受けつぎながら装いを新たにした「ユーラシア文庫」を刊行することにしました。この新シリーズが、ブックレットと同様、ユーラシア地域についての多面的で豊かな認識を日本社会に広める役割をはたすことができますよう、念じています。

ユーラシア研究所